美国联邦国家实验室研究

钟少颖　聂晓伟　著

科学出版社

北　京

内 容 简 介

本书详细分析了第二次世界大战后美国联邦国家实验室的发展历程及其与美国自身的国际战略之间的关系。从科研经费数据出发，分析了美国不同联邦部委资助的国家实验的主要研究领域。以美国国防部下属实验室为例详细分析了美国国家实验室的管理和资助模式。以美国能源部下属实验室为例，详细分析了资助单位对国家实验室体系监管和评估的方式、方法。研究了国家实验室的预算和经费管理，探究其经费来源、预算流程、资金结构和绩效预算制度。以兰德公司和MITRE公司为例，介绍了美国国家实验室运营的单位的基本情况，以及运营单位对国家实验室的运营和管理模式。选择美国的洛斯阿拉莫斯国家实验室、SLAC国家加速器实验室、科技政策研究所三个机构做了典型性分析，详细介绍了他们的基本概况、人员概况、设施情况、管理模式和科技成果转化等方面的情况。

本书主要读者对象为科技政策专业的学生和研究人员以及科研机构的管理人员和科技管理政策制定人员。

图书在版编目(CIP)数据

美国联邦国家实验室研究 / 钟少颖，聂晓伟著. —北京：科学出版社，2017.1

ISBN 978-7-03-051054-9

Ⅰ.①美… Ⅱ.①钟…②聂… Ⅲ.①科学研究组织机构-实验室-研究-美国 Ⅳ.①N247.12

中国版本图书馆CIP数据核字（2016）第308157号

责任编辑：李　敏　杨逢渤 / 责任校对：张凤琴
责任印制：赵　博 / 封面设计：无极书装

科学出版社出版
北京东黄城根北街16号
邮政编码：100717
http://www.sciencep.com

天津市新科印刷有限公司印刷
科学出版社发行　各地新华书店经销

*

2017年1月第　一　版　开本：787×1092　1/16
2025年2月第八次印刷　印张：9
字数：200 000

定价：68.00元

（如有印装质量问题，我社负责调换）

前　言

党的十八届五中全会提出“在重大创新领域组建一批国家实验室”。习近平总书记指出，“我国同发达国家的科技经济实力差距主要体现在创新能力上。提高创新能力，必须夯实自主创新的物质技术基础，加快建设以国家实验室为引领的创新基础平台”。这是顺应时代发展要求、加快实施创新驱动发展战略、深化科技体制改革的一项重大战略举措。

国家实验室作为国立科研机构的一种重要形式，其兴起和发展于第二次世界大战前后的美国，主要是应对国家重大和紧迫的战略需求，也是科学技术自身发展的需要。国家实验室以明确的国家任务为目标，通过多学科交叉集成，解决事关国家安全和经济社会发展全局的重大科技问题。20 世纪 40 年代以来，国家实验室体系一直是美国科研体系中的一支非常重要的战略力量，涌现出了众多影响科学发展进程的重大成果和具有重要影响力的著名科学家。

目前，美国共有 43 个国家实验室，分别由美国能源部、国防部、航空航天局、国土安全局等联邦部委进行资助。经过长期的发展，美国建立起了一套相对完善的国家实验室管理制度和运行机制。深入研究美国国家实验室体系的体制和机制，对中国在新的历史条件下构建具有本国特点的国家实验室体系具有一定的参考价值和借鉴意义。

本书详细分析了第二次世界大战后美国国家实验室的发展历程及其与美国自身的国际战略之间的关系。同时，从科研经费数据出发，分析了美国不同联邦部委资助的国家实验室的主要研究领域。以美国国防部为例，介绍了国家实验室构建的“资助机构—运营机构—国家实验室”三层管理体系及各个管理层级的职责，资助机构对运营机构和国家实验室合约管理的要点，以及这种管理模式的优缺点。本书以兰德公司和 MITRE 公司为例，介绍了美国国家实验室运营的单位的基本情况，以及运营单位对国家实验室的运营和管理模式。本书以美国能源部下属实验室为例，详细分析了资助单位对国家实验室体系监管和评估的方式方法。美国国家实验室的资助单位与国家实验室之间形成了一种“委托-代理”关系。这种委托代理关系要求资助单位加强对国家实验室的监管和评估。能源部下属国家实验室建立起了实验室内部监管评估、能源部本地和非本地监管评估、能源部外部监管评估的三层监管评估体系。本书详细介绍和研究了这种三层监管体系的运行机制和具体操作方法。本书研究了美国国家实验室的预算和管理制度，先从宏观上研究了美国联邦的科研预算和经费管理流程和方法，为美国国家实验室在整个科研经费管理体系中的地位定位；再从中观上研究了在该体系内国家实验室的预算和经费管理，探究其经费来源、预算流程 、资金结构和绩效预算制度；最后从微观上选取美国国家地质调查局、美国能源部下属部门及其国家实验室作为研究对象，为整个研究提供具体例证和数据。本书选择美国的洛斯阿拉莫斯国家实验室、SLAC 国家加速器实验室、科技政策研究所三个实验室做了典型性分析。这三个实验室分属不同的领域，本书详细介绍了其基本概况、人员概况、设施情况、管理模式和科技成果转化等方面的情况。

总而言之，本书从实操层面详细介绍了美国国家实验室的资助模式与办法、人事制度与薪酬水平、预算管理与财务控制、监管体系与评估办法等，以及其目前面临的主要问题和改革取向等。

本书是在课题研究报告的基础之上形成的学术专著，项目从 2015 年年底启动，经过大半年的工作，课题组查阅和翻译了近七十万字的英文资料，经过多轮修改之后于 2016 年 7 月形成全部书稿的初稿。本书各章撰稿的具体分工是：第一章，钟少颖；第二章，聂晓伟、翟文、梁尚鹏、胡睿；第三章，梁尚鹏、钟少颖；第四章，聂晓伟、沈华、陈丽纯；第五章，陈丽纯、钟少颖；第六章，聂晓伟、翟文、岳未祯；第七章，翟文、陈丽纯、胡睿；第八章，钟少颖、梁尚鹏、朱玥颖。在此基础之上，笔者又对全部书稿进行了统一的修改和审定，并多次提出具体的修改意见，返给各章撰稿人做进一步的修改完善。

本书从项目启动到最后定稿交付出版，前后只有 8 个月时间。在这段时间内，课题组成员都夜以继日地工作，付出了大量的心血，可以说，本书是课题组集体智慧的结晶。尽管课题组做出了艰辛的努力，但是由于时间、精力、学识的限制，书中肯定还存在很多不足之处，在很多方面还需要做进一步的深入研究。因此，笔者真诚地希望更多的学界同仁和科技管理部门的同志能够提出宝贵的意见，共同推进该领域研究的继续深化。

钟少颖　聂晓伟

2016 年 8 月 18 日于北京

目　　录

第一章　美国国家实验室发展历程和概况

第一节　第二次世界大战后美国国家实验发展历程

美国国家实验室①是美国联邦政府根据联邦政府采购条例第 35.017 条款［Federal Acquisition Regulation（FAR）35.017］成立的研究和开发机构，旨在满足现有政府或承包商无法实现的特殊和长期的高度先进、高风险的研究，以满足国家之需。

国家实验室的起源可以追溯到第二次世界大战（以下简称二战）。二战期间，美国集中精力致力于解决战时问题，并因此催生了雷达、计算机、原子弹等一批新兴科技，以及新墨西哥州洛斯阿拉莫斯实验室和田纳西州的橡树岭实验室等从事炸弹研究和材料研发的机构。虽然这些实验室的创建初衷只是为了临时使用，但二战后被新成立的原子能委员会接管，并无限期地延长了使用寿命。随着核武器、反应器及其他国防科技的发展，国家实验室逐渐被用来解决计算机、气象学、空间科学、分子生物学、环境学和替代能源等国家关键性科研问题。

70 多年以来，在国际政治格局不断调整的大背景下，国家实验室也在不断发展演变，二战后国家实验室的发展历程可分为五个阶段。其中，有三个阶段国家实验室因国家需求而数目增加，两个阶段国家实验室因受到争议而数目减少。

1）第一阶段：第二次世界大战后冷战时期的快速发展阶段（1947～1969 年）。1947 年“杜鲁门主义”出台，标志着冷战的开始。同年，兰德公司（RAND）作为第一个 FFRDC 成立。20 世纪 40～60 年代，国家实验室快速发展，到 1969 年，共有 74 家国家实验室，数量上达到了顶峰。资助机构则呈现出多样性，包括美国原子能委员会（AEC）、美国国防部（DOD）、美国国家航空航天局（NASA）和美国国家科学基金会（NSF）等。在这一阶段，美国的科技水平也取得了巨大的飞跃，诞生了氢弹、人造卫星、月球登陆等具有人类里程碑意义的重大科技成果。

2）第二阶段：第一波争议浪潮（1970～1981 年）。1969 年尼克松就任总统，此时，美国面临内外交困的局面：首先，朝鲜战争、越南战争削弱了美国的实力，引起国内不满；其次，美苏军事力量对比发生不利于美国的变化；再次，美国与西欧、日本的矛盾加深。美国不得不调整对外战略，与苏联改善关系，从而美苏两国军备竞赛局势有所缓和。

① 本书研究的“国家实验室”是指联邦政府资助的研究和开发中心，简称 FFRDC，既包括名称中含有“National laboratory”的实验室，也有名称中不含“National laboratory”字样的美国联邦政府资助的其他研究机构。

同时，美国国内也逐步掀起了一场来自于国会、各行业、学术界和军队对国家实验室质疑的浪潮，导致了国家实验室数量大幅度下降，到1981年仅剩下34个（图1-1）。

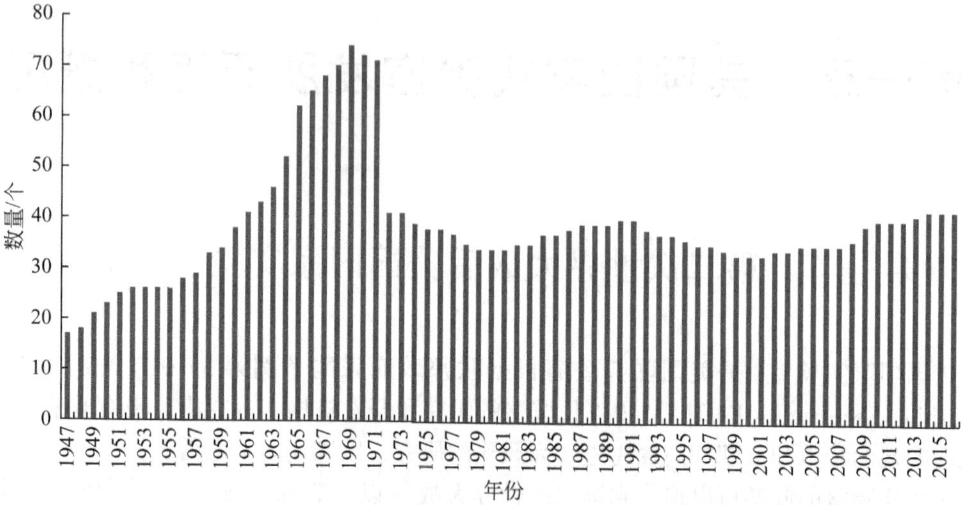

图1-1　1947～2016年美国国家实验室个数演变情况

批评者指出了一系列的问题，包括国会对国家实验室的控制过少，花费巨大，已经失去了创建国家实验室时的初衷。而且许多政府和私人的研发机构不断扩大和成熟，也能够承担国家实验室的类似任务。陆海空三军（the armed services）对国家实验室也表示不满。三军认为国家实验室的工作太过学术化，无法满足军事需要。军事授权法（the Military Authorization Act）的1969年曼斯菲尔德修正案（the 1969 Mansfield Amendment）规定，禁止美国国防部向没有明确军事目的的研究项目提供资金，这导致1967～1975年美国国防部的基础研究投资组合下降了45%。在20世纪60年代早期，巅峰时期的美国国防部资助的国家实验室有39个，而到1967年只剩下了8个。

3）第三阶段：新遏制主义时期的新发展阶段（1982～1991年）。1980年，里根总统上台，推行“新遏制主义”，把遏制苏联作为对外政策中心环节，努力恢复美国霸权地位。1983年里根总统宣布星球大战计划。美苏开启新一轮的军备竞赛。由此，国家实验室获得了新的关注。

这一阶段，国家实验室从1981年的34个增加到1991年的40个，成立了阿罗约中心（Arroyo Center）、先进航空系统发展中心（CAASD）、核废物管理分析中心（CNWRA）、软件工程研究中心（SEC）、国家光学天文台（NOAO）、托马斯杰斐逊国家加速器设施（TJNAF）等实验室。这些实验室的建立主要有两个原因：第一，国家战略的新需要和科技领域的新发展。例如，先进航空系统发展中心和软件工程研究中心。第二，为应对第一波对国家实验室的争议浪潮，一些国家实验室分离并成立新的实验室，从而通过实验室相互竞争加强国家实验室的核心能力，同时削弱国家实验室因体量过大而受到的政策性限制。

4）第四阶段：第二波争议浪潮（1992～2003年）。20世纪90年代，第二波压力浪潮向国家实验室袭来。美国国防部认为国家实验室应该坚持自己的核心任务，而不是分散研究精力。例如，美国国防部检察长（inspector general）建议：“国防部加强对国家实验室的筛选和任务分配，以确保国家实验室满足市场调研”。1997 年国防科学委员会工作组的报告进一步支持了国家实验室应专注于核心任务的观点，报告指出美国国防部必须认真定义需要国家实验室做出贡献的、限定性的特殊研发活动。工作小组强调国家实验室之外的机构也可以承担大量的工作。

美国能源部的国家实验室也面临着类似的审查。1995 年，能源部部长顾问委员会对实验室进行了调研。他们认为这些实验室“具有明确的专业知识领域，但其发展限于传统的任务领域，如国家安全、能源、环境科学与技术等，以及与高能量、核能和凝聚态物理（condensed matter physics）相关的基础研究。”顾问委员会还敦促实验室“不要局限在传统任务领域，多提供一些新的跨学科研究。”

5）第五阶段：“9·11”恐怖袭击后的最新发展阶段（2004～2016 年）。2001 年发生的“9·11”恐怖袭击是第一起针对美国本土的恐怖袭击事件，它改变了冷战后美国的国家安全环境。美国除面临传统的国家安全挑战之外，又必须得面临恐怖主义等新型安全挑战。为了加强对恐怖主义、网络攻击等新型安全风险的防范，2004 年后，在美国国土安全部（the Department of Homeland Security，DHS）先后成立了三个国家实验室，分别为国土安全研究和分析中心（HSSAI）、国土安全系统工程和发展中心（HSSEDI）、国家生物防御分析与对策中心（NBACC）。在美国商务部（Department of Commerce）和退伍军人事务部（Department of Veterans Affairs）分别成立了一个 FFRDC，即美国国家网络安全中心（NCSC）和企业现代化中心（CEM）。

国家实验室、高等院校和企业是美国三大科技研发的主体，也是美国联邦财政 R&D 经费的主要资助对象。从联邦财政 R&D 经费对这三类机构的资助比例的数据来看，工业企业的比例存在下降的趋势，从 1967 年的 59.76% 下降到 2016 年的 39.72%，大学高等院校的比例在逐步上升，从 1967 年的 8.80% 上升到 2016 年的 20.74%，而国家实验室的比例基本保持稳定，1967 年为 7.71%，2016 年则为 8.20%（图 1-2）。

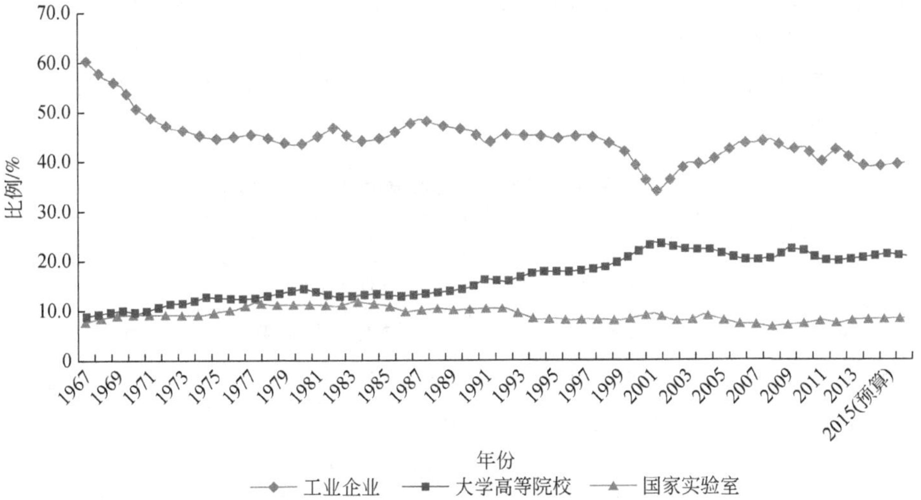

图 1-2　1967～2015 年美国主要科研主体承担联邦 R&D 经费的比例

第二节　美国国家实验室现状和总体概况

一、美国国家实验室结构体系

截止到2016年，美国共有43个国家实验室，分别由美国联邦11个部门进行资助。其中能源部和国防部资助的国家实验室数目最多，分别为16个和11个，美国国家科学基金会为5个，美国国土安全部为3个，美国公共健康和社会福利部为2个，美国退伍军人事务部、美国司法部、美国国家航天局、美国商务部、美国核管制委员会等机构各1个（表1-1、图1-3）。

表1-1　联邦相关机构资助的国家实验室数量

资助机构	个数	资助机构	个数
美国能源部	16	美国退伍军人事务部	1
美国国防部	11	美国司法部	1
美国国家科学基金会	5	美国国家航天局	1
美国国土安全部	3	美国商务部	1
美国交通运输部	1	美国核管制委员会	1
美国公共健康和社会福利部	2	合计	43

能源部是最大的国家实验室资助部门，共资助16个国家实验室。2014年联邦财政对国家实验室的资助经费中，能源部占比为65.74%，接近三分之二。能源部资助的国家实验室具体又分别由科学办公室、能源效率和可再生能源办公室、国家核能安全管理局、核能办公室四个机构资助。四个机构分别资助10个、1个、3个和2个国家实验室（表1-2），四个机构资助的联邦国家实验室R&D经费分别占联邦财政对国家实验室总资助的27.69%、9.79%、24.38%和2.37%。

表1-2　能源部下属国家实验室的具体资助机构

国家实验室名称	资助单位	国家实验室名称	资助单位
艾姆斯实验室	科学办公室	斯坦福线性加速度中心*	科学办公室
阿贡国家实验室	科学办公室	托马斯杰斐逊国家加速器设施	科学办公室
费米国家加速器实验室	科学办公室	爱达荷国家实验室	核能办公室
劳伦斯伯克利国家实验室	科学办公室	劳伦斯利物莫国家实验室	国家核能安全管理局
橡树岭国家实验室	科学办公室	洛斯阿拉莫斯国家实验室	国家核能安全管理局
西北太平洋国家实验室	科学办公室	桑迪亚国家实验室	国家核能安全管理局

续表

国家实验室名称	资助单位	国家实验室名称	资助单位
普林斯顿等离子体物理实验室	科学办公室	萨凡纳河国家实验室	核能办公室
布鲁克林国家实验室	科学办公室	国家再生性能源实验室	能源效率和可再生能源办公室

*斯坦福线性加速器中心（Stanford Linear Accelerator Center，简称 SLAC）成立于 1962 年，2008 年 10 月改名为 SLAC 国家加速器实验室（SLAC National Accelerator Laboratory，简称仍为 SLAC）。

国防部曾经是国家实验室的最重要资助单位，最高峰时曾经资助 34 个国家实验室，但是由于美国国防科技的战略考虑，国防部资助的国家实验室数目大幅度下降，但是目前仍然资助 11 个国家实验室，仅次于能源部。11 个国家实验室分别由美国国防部下属的陆军部（1 个）、海军部（1 个）、空军部（2 个）、国家安全局（1 个）、国防部副部长办公室（6 个）进行资助（表 1-3）。

表 1-3　国防部下属国家实验室的具体资助机构

国家实验室名称	资助机构	国家实验室名称	资助机构
阿罗约中心	陆军部	国防研究所	国防部副部长办公室
海军分析中心	海军部	国家安全工程中心	国防部副部长办公室
航天研发中心	空军部	林肯实验室	国防部副部长办公室
通信和计算中心	空军部	软件工程研究所	国防部副部长办公室
系统和分析中心	国家安全局		

国家科学基金委员会资助 5 个国家实验室，但资助的规模都比较小，包括国家大气研究中心、国家光学天文台、国家射电天文台、国家太阳天文台、科学和技术政策研究中心。上述实验室都由国家科学基金委员会委托第三方的企业、大学、公司进行管理。

国家航空航天局虽然只支持喷气推进实验室 1 个国家实验室，但在 2014 年喷气推进实验室的联邦 R&D 经费支出达到 16.64 亿美元，仅少于桑迪亚国家实验室和洛斯阿拉莫斯国家实验室，占联邦全部 R&D 经费支出的 9.39%。

二、美国国家实验室经费规模和结构现状

2008~2014 年美国联邦 R&D 经费的总量维持在 156 亿~188 亿美元（人民币约为 1000 亿~1200 亿元）。R&D 经费主要包括基础研究（basic research）、应用研究（applied research）和技术开发（technique development）三类。从三类的比例来看，技术开发的比例最高，保持在 36%~40%，其次分别是基础研究和应用研究。但是 2013 年后，基础研究的比例出现了比较明显的下降，从 2012 年的 33.70% 下降到 2013 年的 23.70%，下降了 10 个百分点，而应用研究的比例上升了约 10 个百分点（图 1-4）。

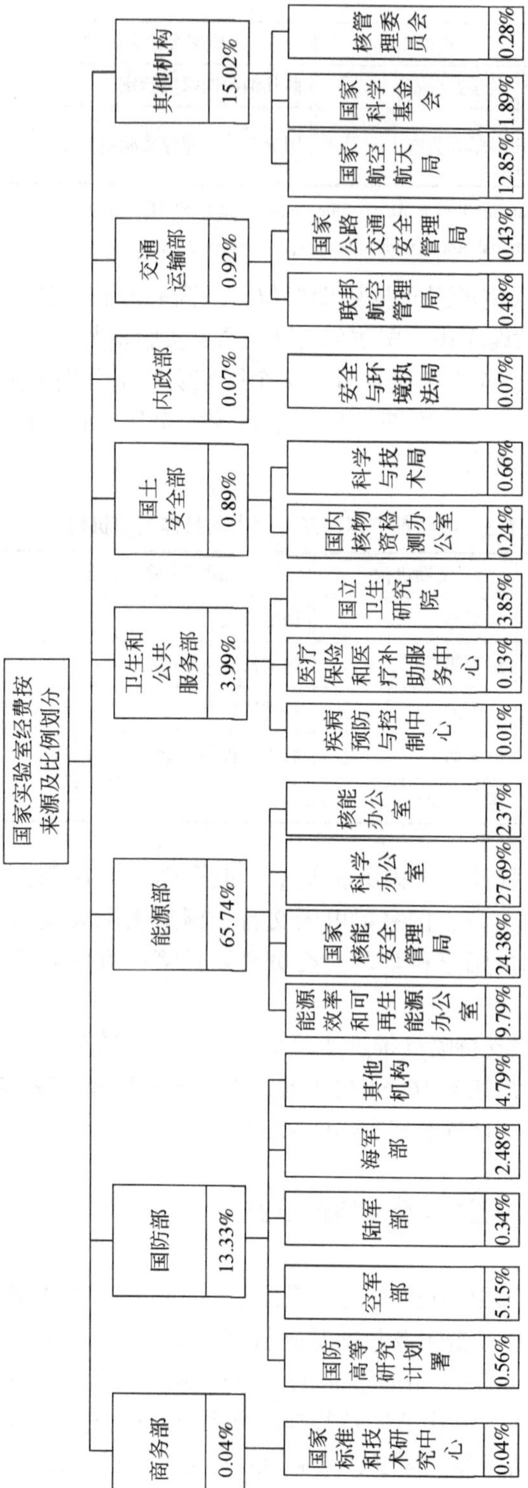

图 1-3　美国国家实验室的资助体系

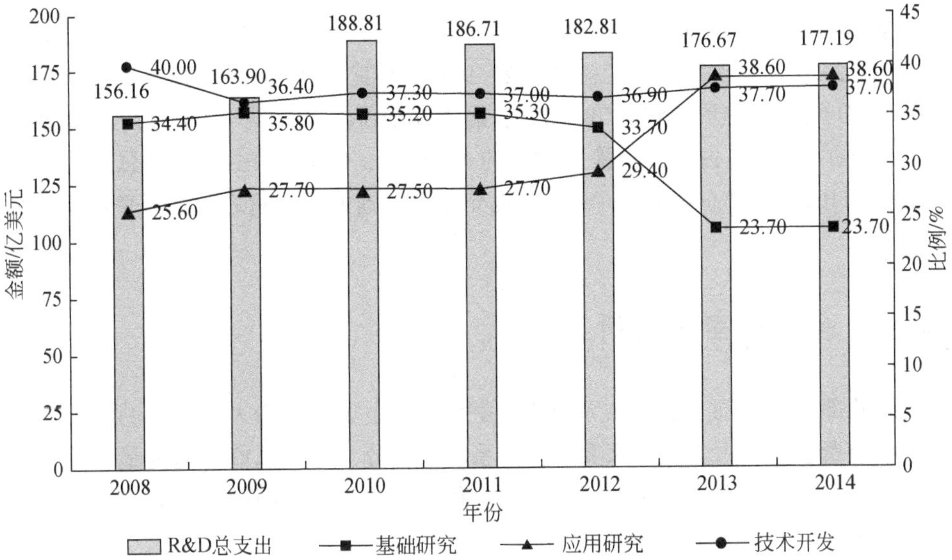

图 1-4　2008 ~ 2014 年美国国家实验室联邦 R&D 经费的总量和领域比例

从国家实验室联邦资助 R&D 规模等级分布来看，其中 2014 年 R&D 经费大于 10 亿美元的国家实验室有 6 个，分别为桑迪亚国家实验室（25.07 亿美元）、洛斯阿拉莫斯国家实验室（17.67 亿美元）、喷气推进实验室（16.64 亿美元）、橡树岭国家实验室（12.93 亿美元）、劳伦斯利物莫国家实验室（11.70 亿美元）、太平洋西北国家实验室（10.21 亿美元），6 个实验室的联邦 R&D 经费总额为 94.24 亿美元，占国家实验室全部 R&D 经费的 53.19%。R&D 经费大于 5 亿美元小于 10 亿美元的国家实验室有 6 个，经费总额为 46.09 亿美元，占国家实验室全部 R&D 经费的 26.01%。R&D 经费在 2 亿 ~ 5 亿美元的国家实验室共有 5 个，经费合计 19.39 亿美元，占国家实验室全部 R&D 经费的 10.94%。R&D 经费在 1 亿 ~ 2 亿美元的国家实验室共 7 个，经费合计 9.64 亿美元，占国家实验室全部 R&D 经费的 5.44%。R&D 经费低于 1 亿美元的国家实验室共 19 个，经费合计 7.79 亿美元，占国家实验室全部 R&D 经费的 4.42%（图 1-5）。

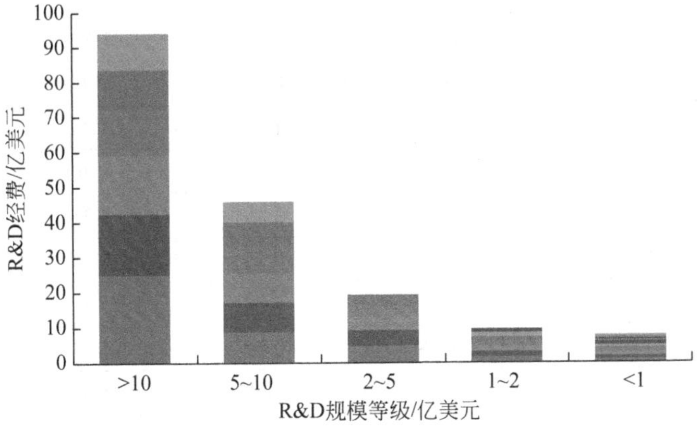

图 1-5　2014 年各个国家实验室联邦资助 R&D 规模等级分布

从国家实验室的经费等级规模分布来看，经费大于5亿美元，尤其是大于10亿美元的国家实验室是整个美国国家实验室体系的主体。经费大于5亿美元的国家实验室虽然一共仅有12个，占国家实验室总数的27.9%，但其联邦R&D经费总量占整个国家实验室联邦R&D经费的比重达到了78.23%，居主体地位。经费低于1亿美元的国家实验室个数虽然达到了19个，占国家实验室个数的44.18%，但联邦R&D经费总量仅为全部国家实验室联邦R&D经费总量的4.4%。这也充分说明国家实验室之间的经费规模等级差异很大。

三、国家实验室主要研究领域

美国能源部、国防部、航空航天局和国家科学基金委员会四大机构资助的国家实验室从数量上和经费总量上占美国国家实验室体系的大部分，尤其以能源部为最。分析这些机构资助的国家实验室经费投向领域可以从一定程度上分析出美国国家实验室聚焦的主要研究领域（表1-4）。

表1-4　2014年美国联邦主要机构资助经费的领域投向　（单位：%）

研究领域		能源部	国防部	航空航天局	国家科学基金委员会
计算机科学与数学	计算机科学	6.61	15.61	0.82	16.90
	数学	5.12	1.97	0.08	4.57
	其他计算机和数学科学	0.37	2.87	0.95	0.00
	合计	12.10	20.45	1.85	21.47
工程科学	航空工程	0.01	8.66	25.35	0.00
	航天工程	0.14	1.45	11.20	0.00
	化学工程	3.09	2.82	0.09	0.98
	土木工程	0.22	0.96	0.01	0.45
	电气工程	2.03	13.57	0.59	1.98
	机械工程	2.83	2.41	0.41	1.70
	冶金和材料工程	13.80	5.79	0.45	3.86
	其他工程	22.43	11.29	1.92	8.97
	合计	44.55	46.95	40.02	17.94
环境科学	大气科学	2.79	1.33	15.26	4.89
	地质科学	0.17	0.03	4.70	3.50
	海洋学	0.00	3.29	2.31	6.74
	其他环境科学	1.27	0.69	1.76	9.86
	合计	4.23	5.34	24.03	24.99
生命科学	农业学	0.04	0.05	0.03	0.00
	生物学	5.00	3.69	2.83	10.57
	环境生物学	0.01	0.73	0.24	3.46

续表

研究领域		能源部	国防部	航空航天局	国家科学基金委员会
生命科学	医学	0.00	8.09	2.40	0.00
	其他生命科学	0.00	1.15	0.61	0.00
	合计	5.05	13.71	6.11	14.03
物质科学	天文学	0.00	0.12	17.61	4.94
	化学学	3.25	2.35	1.21	4.71
	物理学	29.27	6.47	7.90	4.82
	其他物质科学	1.52	3.65	1.26	3.28
	合计	34.04	12.59	27.98	17.75
社会科学	人类学	0.00	0.01	0.00	0.36
	经济学	0.00	0.02	0.00	0.51
	政治学	0.00	0.04	0.00	0.20
	社会学	0.00	0.31	0.01	0.18
	其他社会科学	0.03	0.57	0.01	2.55
	合计	0.03	0.95	0.02	3.80

能源部经费的投入主要领域分别为物质科学领域的物理学（29.27%）、化学（3.25%），工程科学领域的其他工程（22.43%）、冶金和材料工程（13.80%），计算机与数学领域的计算机科学（6.61%）和数学（5.12%），生命科学领域的生物学（5.00%）。

国防部经费的投入主要领域分别为工程科学领域的电气工程（13.57%）、其他工程（11.29%）、航空工程（8.66%）、冶金和材料工程（5.79%），计算机科学与数据领域的计算机科学（15.61%），生命科学领域的医学（8.09%），物质科学的物理学（6.47%）。

航空航天局的经费主要投入领域为工程科学的航空工程（25.35%）、航天工程（11.20%），物质科学领域的天文学（17.61%）、物理学（7.90%），环境科学领域的大气学（15.26%）。

国家科学基金委员会的经费主要投入领域为计算机科学与数学领域的计算机科学（16.90%），生命科学领域的生物学（10.57%），环境科学领域的海洋学（6.74%）和其他环境科学（9.86%）。

总体来看，经费投入的第一大领域为工程科学领域，工程科学领域又集中在航空工程、航天工程、电气工程、冶金和材料工程及其他工程科学领域。第二大领域是物质科学领域，主要集中在物理学、天文学。第三大领域是计算机科学与数学领域，主要是集中在计算机科学。第四大领域是生命科学领域，主要集中在生物学和医学。第五大领域是环境科学领域，主要集中在生物学和医学领域。

第二章　美国国家实验室体系治理结构研究

第一节　美国联邦政府的研发资助体系

第二次世界大战以后，美国建立了以创新为核心驱动力的经济体系。新的技术、产品、管理和服务不断涌现，极大地促进了经济的增长。美国经济研究局以全要素生产率为特征指标，测量了创新对美国经济增长的贡献。1950～2013 年，创新对美国潜在 GDP 增长的贡献率年均在 1.5% 以上，而且其贡献率预计在 2024 年前仍然会保持相近的水平①。美国联邦政府通过直接和间接的途径促进创新，直接途径包括资助研发和资助教育，间接途径包括通过税收优惠和贷款及贷款担保鼓励私营部门对研发进行投资。其中，最主要的途径就是资助研发。狭义上说，政府要完成有关国家安全、农业、环境健康和基础设施建设的任务，需要有属于自己的科研力量。广义上说，研发的社会收益高于私人收益，受知识外溢效应的影响，新知识的创造者无法获得知识的全部收益，这会降低创造者的研发动力。如诺贝尔经济学奖获得者斯蒂格利茨所说，“知识可以视为一种公共物品，而仅仅依靠私营部门来提供公共物品无法达到最优结果②。”

本节接下来的部分首先介绍美国研发支出的总体结构和长期趋势，然后介绍美国联邦政府研发支出的组织体系和近期趋势，最后说明美国联邦政府研发支出的结构特征。

一、美国研发支出的总体结构和趋势

（一）美国研发支出总体结构分析

本书从三个维度分析美国研发支出的总体结构。第一个维度为研发的阶段性质。包含基础研究、应用研究和开发。美国国家科学基金委给出的定义是：基础研究是指通过学习和研究，全面认识和理解某个领域或问题，不涉及具体应用；应用研究是指通过学习和研

① 数据来自美国国会预算办公室。潜在 GDP 表示经济的最大的潜在可持续产出量；全要素生产率是指剔除了劳动力和资本服务对经济增长的贡献后，剩余的经济增长率。

② Joseph E. Stiglitz, “Leaders and Followers: Perspectives on the Nordic Model and the Economics of Innovation,” NBER Working Paper 20493, September 2014。

究，满足特定的需要和获取特定的知识，应用研究通常服务于与产品、工艺和服务相关的商业目标；开发是指利用基础研究和应用研究所获得的知识，创造有实用价值的材料、设备、系统或方法，也包括设计和开发原型机器和工艺。2012 年，根据研发的性质划分，基础研究、应用研究和开发占总研发支出的比例分别为 16.5%、19.2% 和 64.3%。第二个维度为资助研发的机构。包含联邦政府、企业、高校、其他非营利组织和州地方政府。2012 年，这五类研发资助机构的研发支出的比例分别为 63.0%、29.8%、3.0%、3.4% 和 0.8%。第三个维度为执行研发的机构。包含联邦政府①、企业、高校、其他非营利组织和国家实验室。其中，联邦政府下属科研机构占 8.3%，国家实验室占 3.8%，高校占 13.9%，企业占 70%，非营利组织占 4.0%（图 2-1）。

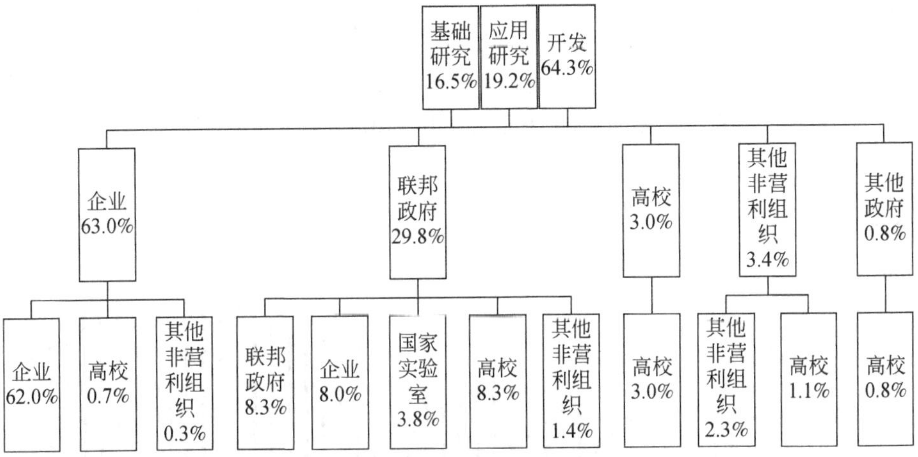

图 2-1　全美研发支出结构图

注：参考 National Science Foundation 在 2013 年 12 月发布的报告："National patterns of R&D resources：2011～2012 data update"。

（二）联邦政府、企业和其他组织研发支出长期变化趋势

资助研发的机构包含联邦政府、企业、高校、其他非营利组织和州地方政府，由于高校、其他非营利组织和州地方政府的研发支出较少，为了便于统计，将这三类机构统归为其他组织。

如图 2-3 所示，20 世纪 60 年代联邦政府研发支出占到全美研发支出的近 2/3。这一特征于 2000 年后实现逆转，联邦政府研发支出在全美研发支出中占比降至 25%～30%，而企业研发支出在全美研发支出中占比升至近 2/3，其他组织占比在 7% 左右。虽然联邦政府研发支出占 GDP 百分比持续下降，但是同期企业研发支出占 GDP 百分比持续上升，使得全美研发支出占 GDP 百分比上升，并于 2009 年达到历史最高点为 2.9%（图 2-2）。

① 联邦政府执行研发的活动，既包括其实际进行的研发活动，也包括其对所有执行研发的机构的管理活动。

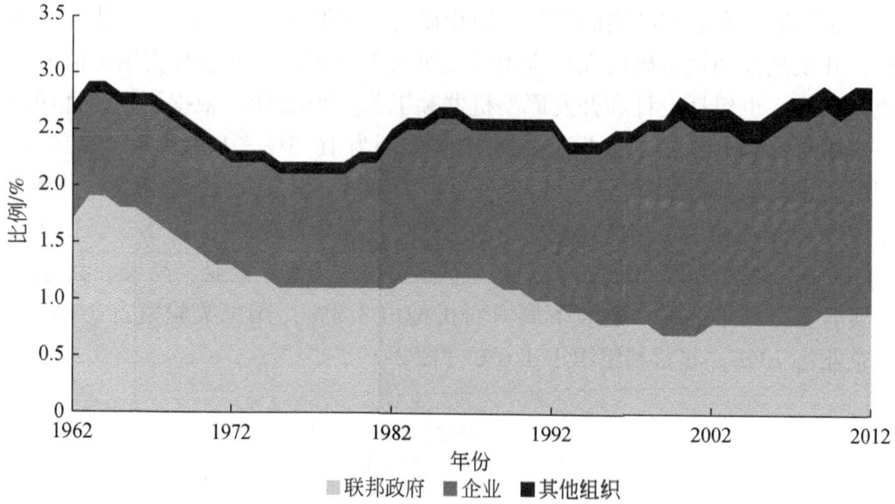

图 2-2　不同资助机构研发支出占 GDP 比例的变化趋势

注：参考 National Science Foundation 在 2013 年 12 月的 “National patterns of R&D resources：2011～2012 data update”。

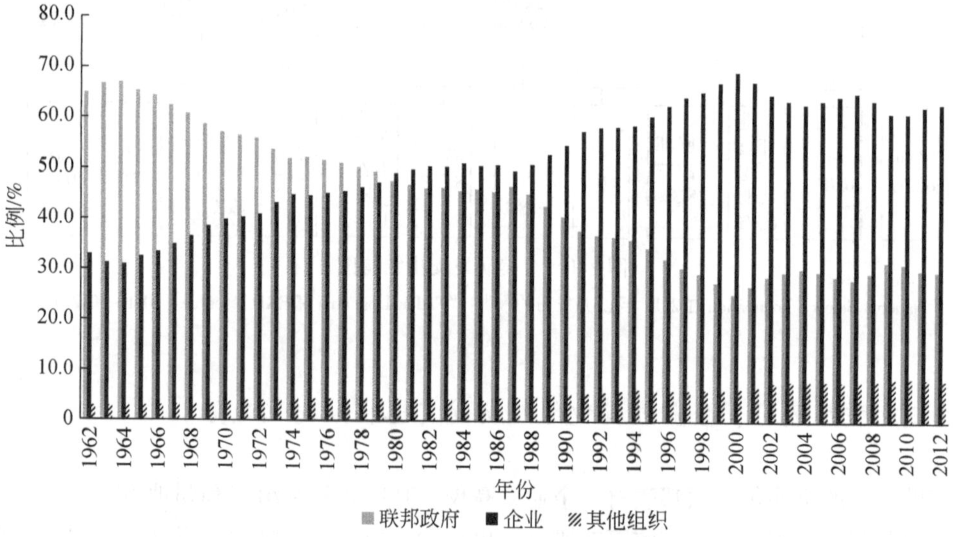

图 2-3　不同组织占全美研发支出的比例

注：参考 National Science Foundation 在 2013 年 12 月的 “National patterns of R&D resources：2011～2012 data update”。

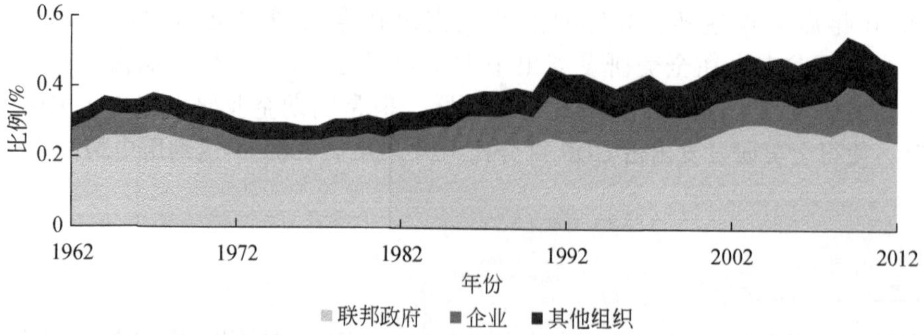

(a)基础研究

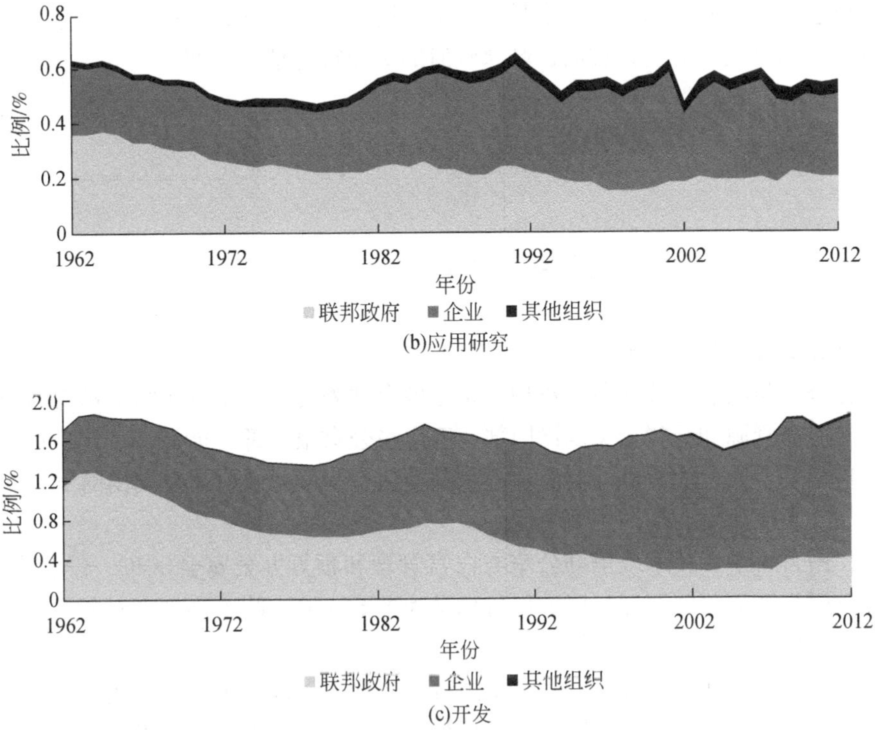

图 2-4　不同资助机构、不同研发阶段的研发支出占 GDP 比例的变化趋势

注：参考 National Science Foundation 在 2013 年 12 月的“National patterns of R&D resources：2011 ~ 2012 data update”。

基础研究研发支出占 GDP 比例上，1962 ~ 2012 年五十年内整体大幅度增长，联邦政府虽然增长缓慢，但仍然占据主要地位。具体来看，联邦政府基础研究研发支出占 GDP 比例增加了 19%，企业和其他组织对应比例分别增加了 43% 和 200%。2012 年，联邦政府、企业和其他组织的基础研究占全美基础研究支出的比例分别为 52. 6%，21. 3% 和 26. 1%（图 2-4）。

应用研究研发支出占 GDP 比例上，1962 ~ 2012 年五十年内整体小幅度减少，联邦政府大幅度减少，企业替代了联邦政府的地位。具体来看，联邦政府应用研究研发支出占 GDP 比例减少了 44%，企业和其他组织对应比例分别增加了 20% 和 150%。2012 年，联邦政府、企业和其他组织的基础研究占全美开发支出的比例分别为 36. 2%，54. 0% 和 9. 8%。

开发研发支出占 GDP 比例上，1962 ~ 2012 年五十年内整体小幅度增长，联邦政府大幅度减少，企业替代了联邦政府的地位。具体来看，联邦政府开发研发支出占 GDP 比例减少了 65%，企业和其他组织对应比例分别增加了 154% 和 200%。2012 年，联邦政府、企业和其他组织的基础研究占全美开发支出的比例分别为 22. 1%，76. 4%，1. 5%。

总体来看，联邦政府保持了其对基础研究的投入增长速度强于 GDP 增长速度的特点；应用研究和开发方面，企业逐渐取代了联邦政府的地位，使美国相关研发支出的增长速度与 GDP 增长速度相一致。至于其他组织的研发支出，虽然增长比例很高，但是起点较低，政府和企业仍然是最重要的两大研发资助组织。联邦政府着力于基础研究符合政府提供公共物品的角色。基础研究属于周期最长、风险最高、不确定性最强的公共物品，是私人收益与社会收益相差最大的公共物品，联邦政府的选择符合理论预期。

二、美国联邦政府研发支出的近期趋势

（一）联邦政府研发支出的组织体系

1. 上下联动的科研规划体系

每年春季，与政府相关的研究机构开始在各个部委的监督下制定科研战略规划，明确科研目标和所需资源和经费。美国国防部、卫生与公众服务部、能源部、国家航空和航天局、国家科学基金委、能源部、商务部七个部委占每年联邦政府研发支出的90%以上，是具体负责联邦政府研发活动的主要机构。

夏季，白宫科学和技术政策办公室与白宫管理和预算办公室会发布一份联合备忘录，明确全美科研投资的关键领域。以这份备忘录为主要依据，两个办公室对各研究机构的科研规划进行具体指导。

秋季，白宫管理和预算办公室对提交的科研战略规划进行审核，并提出修改意见。经过修改或者申诉后，确定所有研究机构的预算，最终形成总统预算请求，并于次年二月向国会提交。

2. 独立制衡的预算划拨体系

总统的任务是发布预算请求，但最终的审批权掌握在国会。参众两院遵照《美国国会预算法》，各设有 12 个专门负责科研经费的拨款委员会，经过反复论证、修改和听证等流程后，参众两院各自形成 12 个拨款法案，经由一个会议委员会统一两个版本后，将最终的 12 个拨款法案提交给总统，最后签字生效。整个审批流程从三月开始，一直持续到九月，总统、参议院和众议院相互制衡，以保证预算的合理性。

3. 具有影响力的游说团体

首先，联邦政府的研发支出在参众两院一直不乏支持者。例如 1998 年，两院共同通过一项法案促使美国国立卫生院的研发经费在 1999 ~ 2003 年增长了一倍。

其次，许多有影响力的游说团体也在推动联邦政府的研发支出。比较著名的包括，美国大学联合会（American Association of Universities）、美国公立大学、赠予地大学联合会和美国科学促进协会（American Association for the Advancement of Science）。这些机构及其支持者对于增进公众对科研重要性的认识、协调联邦政府的科研规划和帮助科研机构争取预算有着重要的作用。

（二）联邦政府研发支出近二十年的变化

1998 ~ 2017 年，联邦政府研发支出经历了三个阶段（图 2-5）。

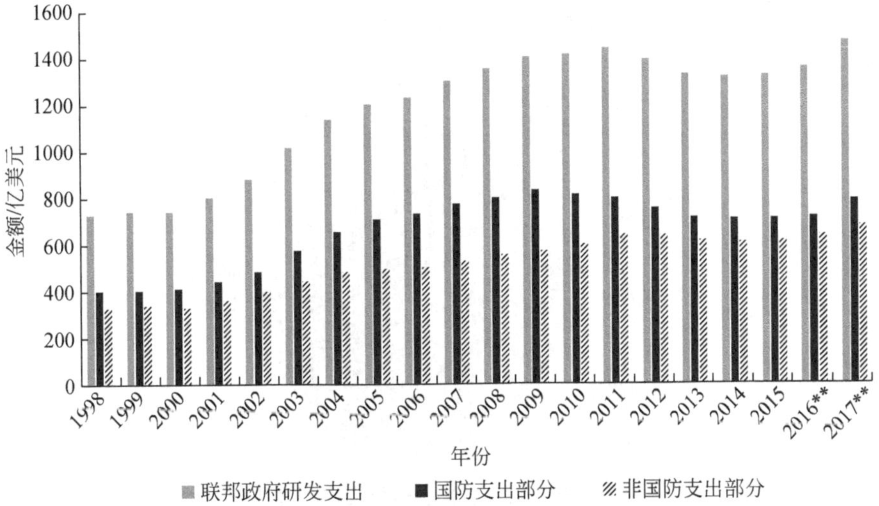

图 2-5　联邦政府研发支出的总体趋势

注：参考网址为 http：//www. aaas. org/page/historical-trends-federal-rd。

第一个阶段，1998～2004 年，联邦政府研发支出快速增长，增长的主要贡献来自 1998 年起对医疗健康研究投入的增加①和 2001 年起国防建设投入的增加。这一阶段，联邦政府研发支出增长了 38.5%，国防支出部分增长了 49.7%，非国防支出部分增长了 26.6%。

第二个阶段，2004～2010 年，联邦政府研发支出增长缓慢，国防支出部分和非国防支出部分走向了不同的变化通道，国防支出部分继续增长，而非国防支出部分出现了衰退。这一阶段以 2009 年颁布的《美国复苏与再投资法案》为结点，联邦政府研发支出增长了 2.9%，国防支出部分增长了 7.2%，非国防支出部分减少了 2.4%。

第三个阶段，从 2011 年起，受联邦政府预算赤字上限下调的影响，联邦政府研发支出进入了衰退再复苏的波动阶段。

据估计，2017 年联邦政府研发支出将达到 1466.8 亿美元，其中国防支出部分为 789.2 亿美元，非国防支出部分为 677.6 亿美元。

三、2016 年美国联邦政府研发支出预算的结构特征

（一）根据部委划分的联邦政府研发支出的结构

根据奥巴马总统 2016 财年预算请求，七个部委将获得联邦政府研发支出预算的 95% 以上，其中，国防部占比为 49.5%；健康和公众服务部占比为 21.3%；能源部占比为

① 出于提升公众健康的考虑，1998 年共和党和民主党共同通过了将美国国家卫生院的经费增加一倍的预算决定。

8.6%；国家航空航天局占比为 8.4%；国家科学基金委占比为 4.3%；农业部占比为 2.0%；商业部占比为 1.5%。如图 2-6 和表 2-1 所示。

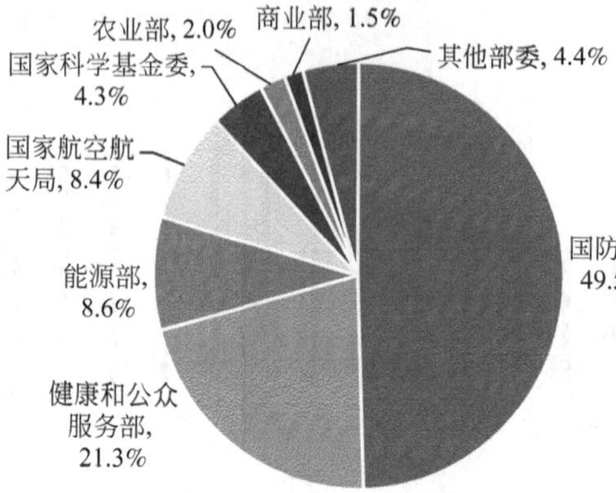

图 2-6　2016 财年各部委研发支出预算比例

表 2-1　各部委联邦政府研发支出预算（2014～2016 年）

部委	2014 年实际值/万美元	2015 年估计值/万美元	2016 年估计值/万美元	2015～2016 年的百分比变化/%
国防部	66 018	67 451	72 121	6.9
健康和公众服务部	30 685	30 475	31 040	1.9
能源部	11 996	11 736	12 597	7.3
国家航空航天局	11 906	12 145	12 238	0.8
国家科学基金委	5 827	5 999	6 309	5.2
农业部	2 380	2 446	2 884	17.9
商业部	1 556	1 526	2 127	39.4
退伍军人事务部	1 101	1 090	1 147	5.2
内政部	853	900	1 115	23.9
交通部	840	904	985	9.0
国土安全部	1 032	1 032	569	-44.9
环境保护局	539	523	559	6.9
其他部委	1 602	1 842	2 003	8.7
合计	136 335	138 069	145 694	5.5

注：参考 EOP，OMB，analytical perspectives，budget of the United States government，fiscal year 2016，February 2015，网址为 http：//www. whitehouse. gov/sites/default/files/omb/budget/fy2016/assets/ap_ 19_ research. pdf。

与 2015 年相比，这七个部委的联邦政府研发支出预算都有所增长，其中，国防部增长了 6.9%；健康和公众服务部增长了 1.9%；能源部增长了 7.3%；国家航空航天局增长了 0.8%；国家科学基金委增长了 5.2%；农业部增长了 17.9%；商业部增长了 39.4%。

（二）根据研究性质和部委划分的联邦政府研发支出结构

根据奥巴马总统2016财年预算请求，卫生和公众服务部是基础研究的最主要的资助部委，在基础研究中占联邦政府研发支出的48.8%；卫生和公众服务部也是应用研究的最主要的资助部委，在应用研究中占联邦政府研发支出的43.5%。国防部是开发的最主要资助部委，在开发中占联邦政府研发支出的85.6%。见表2-2。

表2-2　各研究阶段的联邦政府研发支出最高的部委

项目	部委	2014年实际值/万美元	2015年估计值/万美元	2016年估计值/万美元	2016年占当年联邦政府研发支出比例/%	2015～2016年的百分比变化/%
基础研究	健康和公众服务部	15 862	15 482	15 966	48.8	3.1
	国家科学基金委	4 752	4 834	5 062	15.5	4.7
	能源部	4 095	4 120	4 245	13.0	3.0
应用研究	健康和公众服务部	14 621	14 791	14 864	43.5	0.5
	国防部	4 664	4 775	4 819	14.1	0.9
	能源部	4 550	4 363	4 683	13.7	7.3
开发	国防部	58 986	60 366	65 036	85.6	7.7
	国家航空航天局	6 004	6 481	6 423	8.5	-0.9
	能源部	2 559	2 322	2 621	3.4	12.9

注：参考EOP，OMB，analytical perspectives，budget of the United States government，fiscal year 2016，February 2015。只选择了各研发阶段的联邦政府研发支出前三位的部委。

（三）涉及多部委的研发计划

上面关注的是根据单个部委划分的联邦政府研发支出结构，涉及多部委的研发计划显著影响了联邦政府研发支出的方向和规模，简要介绍如下。

1.《美国竞争力计划》

2006年，布什总统发布了《美国竞争力计划》①，目标是用10年的时间使多个机构的联邦政府研发支出在2006年的基础上增加一倍，以增强美国在物理科学和工程学方面的研究，涉及的部委或机构包括国家科学基金委、能源部的科学办公室和商业部的国家标准和技术研究院。该计划预期增加的联邦政府研发支出总额达97.60亿美元。根据目前的进展来看，要实现相关联邦政府研发支出翻一番的目标，还需要花费10年。

① 数据来源：CRS report R41951，An analysis of efforts to double federal funding for Physical Sciences and Engineering Research，by John F. Sargent Jr。

2.《美国国家纳米技术计划》

2001 年，克林顿总统发布了《美国国家纳米技术计划》①，要求增强美国对纳米规模的物质的认识和控制。该计划由美国国家科学和技术委员会下设的纳米科学、工程和技术子委员会负责统筹协调。2016 年《美国国家纳米技术计划》的总统预算请求达到 14.95 亿美元。

3.《网络和信息技术研发计划》

《网络和信息技术研发计划》② 计划由《信息高速公路法案》设立，是联邦政府进行网络和信息技术研发投资的主要机制平台，涉及的领域包括超级计算、信息高速公路、网络安全、软件工程和信息管理等，涉及的部委主要包括国防部、能源部、卫生和公众服务部、国家科学基金委以及国土安全部。2016 年《美国国家纳米技术计划》的总统预算请求达到 40.91 亿美元。

4.《美国全球变化研究计划》

2008 年，奥巴马总统发布了《美国全球变化研究计划》③，该计划的目标是统筹协调联邦政府的科研资源，用于理解、评估、预测并应对人类造成的或自然演变的全球变化，涉及的部委或机构多达 18 个，以能源部为主。2016 年的相关数据暂缺，2014 年《美国全球变化研究计划》的总统预算请求达到 115.94 亿美元。

其他重要的涉及多部委的研究计划包括：2013 年发布的《大脑计划》④，2015 年发布的《精准医疗计划》⑤，2011 年发布的《材料基因组计划》⑥，2011 年发布的《先进制造业伙伴关系计划》⑦，2014 年发布的《STEM 教育重组计划》⑧。

---

① 数据来源：CRS report RL34401, The national nanotechnology initiative: overview, reauthorization, and appropriations issues, by John F. Sargent Jr。

② 数据来源：CRS report RL33586, The federal networking and information technology research and development program: background, funding, and activities, by Patricia Moloney Figliola。

③ 数据来源：CRS report R43227, Federal climate change funding from FY2008 to FY2014, by Jane A. Leggett, Richard K. Lattanzio, and Emily Bruner。

④ 数据来源：The White House 在 2013 年 4 月的"Remarks by the president on the brain initiative and American innovation"speech transcript，网址为 http://www.whitehouse.gov/photos-and-video/video/2013/04/02/president-obama-speaks-brain-initiativeand-american-innovation#transcript。

⑤ 数据来源：The White House 在 2015 年 1 月 30 日的"Fact sheet: President Obama's precision medicine initiative"press release，网址为 http://www.whitehouse.gov/the-press-office/2015/01/30/fact-sheet-president-obama-s-precision-medicine-initiative。

⑥ 数据来源：The White House 在 2014 年 5 月 Materials Genome Initiative"Examples of materials applications"，网址为 http://www.whitehouse.gov/mgi/examples。

⑦ 数据来源：John P. Holdren, Director, OSTP, EOP. 在 2012 年 3 月 6 日的 testimony before the Senate Committee on commerce, science, and transportation, subcommittee on science and space, hearing on"Keeping America competitive through investments in R&D"，网址为 http://commerce.senate.gov/public/?a=Files.Serve&File_id=fed566eb-e2c8-49da-aec5-f84e4045890b。

⑧ 数据来源：CRS Report R43880, The America competes acts: An overview, by Heather B. Gonzalez; CRS In Focus IF00013, The president's FY2015 budget and stem education (in focus), by Heather B. Gonzalez; CRS Report R42642, Science, technology, engineering, and mathematics (stem) education: A primer, by Heather B. Gonzalez and Jeffrey J. Kuenzi。

第二节　美国能源部对下属国家实验室的管理模式

美国能源部是由多个机构合并形成的部委，它的主要职责包括能源、科学、核武器和环境清理。[①] 能源部的研发支出体系和对下属国家实验室的管理体系，在联邦政府各部委和机构中独具一格。能源部并没有将研究资源集中于单一的领域或研究单位，而是专注于大规模的、跨学科的、大学和企业没有能力或不愿意投资的研究和设施。这些研究和设施的价值超越了能源部自身的战略范围，对美国的科研、国防、经济、文化产生着重要的影响（白春礼，2011，2013）。

一、能源部的研发支出体系

能源部科研体系是美国科研体系的重要组成部分。2011～2017 财年，美国能源部研发预算占联邦政府总研发预算的比例保持在 7% 以上，而且除了 2015～2016 年外，该比例在逐年递增，预计 2017 年可达到 11.12%。

表 2-3　2011～2017 财年联邦研发预算表（以 2016 财年不变美元计价）

财年	2011	2012	2013	2014	2015	2016*	2017*
联邦研发总预算亿美元	1565.85	1518.10	1376.86	1406.08	1401.35	1475.22	1469.77
能源部研发预算亿美元	115.76	115.16	112.10	123.49	146.12	143.87	163.41
能源部研发占联邦总研发比例/%	7.39	7.59	8.14	8.78	10.43	9.75	11.12

注：以 2016 财年不变美元计价，2016 财年的数据为估计值，2017 财年的数据为预算值，其余财年为实际值。数据参考自“Historical AAAS data based on OMB and agency R&D budget data”。

美国能源部的科研任务主要通过合同的形式交由外部机构来完成，其中国家实验室是获得能源部科研任务最多的外部机构，企业和高校在能源部科研任务中的占比不大。由表 2-4 和表 2-5 可见，2014 财年能源部获得的联邦研发拨款中 95.86% 用于资助外部机构，其中国家实验室最多（75.20%），其次是高校（12.21%）和企业（7.63%）。2014 财年能源部获得的联邦开发拨款中 93.02% 属于外部机构，其中企业最多（50.89%），其次是国家实验室（36.10%）和直属科研机构（6.89%）。

表 2-4　2014 财年美国能源部按研究执行机构划分的研发拨款

分类	项目执行机构	金额/万美元	占比/%
内部机构	直属科研机构和管理机构	33 483.19	4.14
外部机构	企业	61 762.99	7.63
	企业管理的国家实验室	274 777.37	33.96

① 数据来源：DOE，Strategic Plan，2014～2018。

续表

分类	项目执行机构	金额/万美元	占比/%
外部机构	高校	98 814. 51	12. 21
	高校管理的国家实验室	179 214. 02	22. 15
	其他非营利机构	5 909. 73	0. 73
	非营利机构管理的国家实验室	154 465. 48	19. 09
	州地方政府	573. 57	0. 07
	国外机构	164. 82	0. 02
合计		809 165. 69	100

注：参考 National Science Foundation，National Center for Science and Engineering Statistics 的 2014 ~ 2016 财年的 "Survey of federal funds for research and development"。

表 2-5　2014 财年美国能源部按研究执行机构划分的开发拨款

分类	项目执行机构	金额/万美元	占比/%
内部机构	直属科研机构和管理机构	16 986. 11	6. 98
外部机构	企业	123 871. 10	50. 89
	企业管理的国家实验室	58 394. 93	23. 99
	高校	9 357. 27	3. 84
	高校管理的国家实验室	7 449. 69	3. 06
	其他非营利机构	4 333. 62	1. 78
	非营利机构管理的国家实验室	22 026. 88	9. 05
	州地方政府	967. 56	0. 40
	国外机构	28. 90	0. 01
合计		243 416. 06	100

注：参考 National Science Foundation，National Center for Science and Engineering Statistics 的 2014 ~ 2016 财年的 "Survey of federal funds for research and development"。

二、能源部对下属国家实验室的管理体系

（一）四层组织架构

美国能源部下辖 17 个国家实验室，其中 10 个科学实验室由能源部科学办公室（DOE Office of Science，SC）监管，3 个国家安全实验室由国家核安全局（National Nuclear Security Administration，NNSA）监管，其余 4 个应用实验室分别由对应的 4 个能源部监管办公室监管，包括能源效率和可再生能源办公室（Office of Energy Efficiency and Renewable Energy，EERE）、环境管理办公室（Office of Environmental Management，EM）、化石能源办公室（Office of Fossil Energy，FE）、核能办公室（Office of Nuclear Energy，NE）。

除了化石能源办公室外，其余5个监管办公室各有一个支持中心和一个驻地办公室。支持中心是能源部外派的运营办公室、商业中心和服务中心等机构的统称，支持中心没有行政权力，其作用是为驻地办公室提供专业技术支持，并帮助能源部处理合同事宜和发放薪水；驻地办公室是能源部和实验室之间的纽带，承担着监管者和支持者的双重角色，负责传达和实施能源部的政策和指令，监督和评价实验室的运营绩效，同时给予实验室必要的支持（戴定和郭志锋，2014）。此外，每个实验室各有一个负责运营管理的合同商负责。能源部对下属国家实验室的管理架构如图2-7所示。

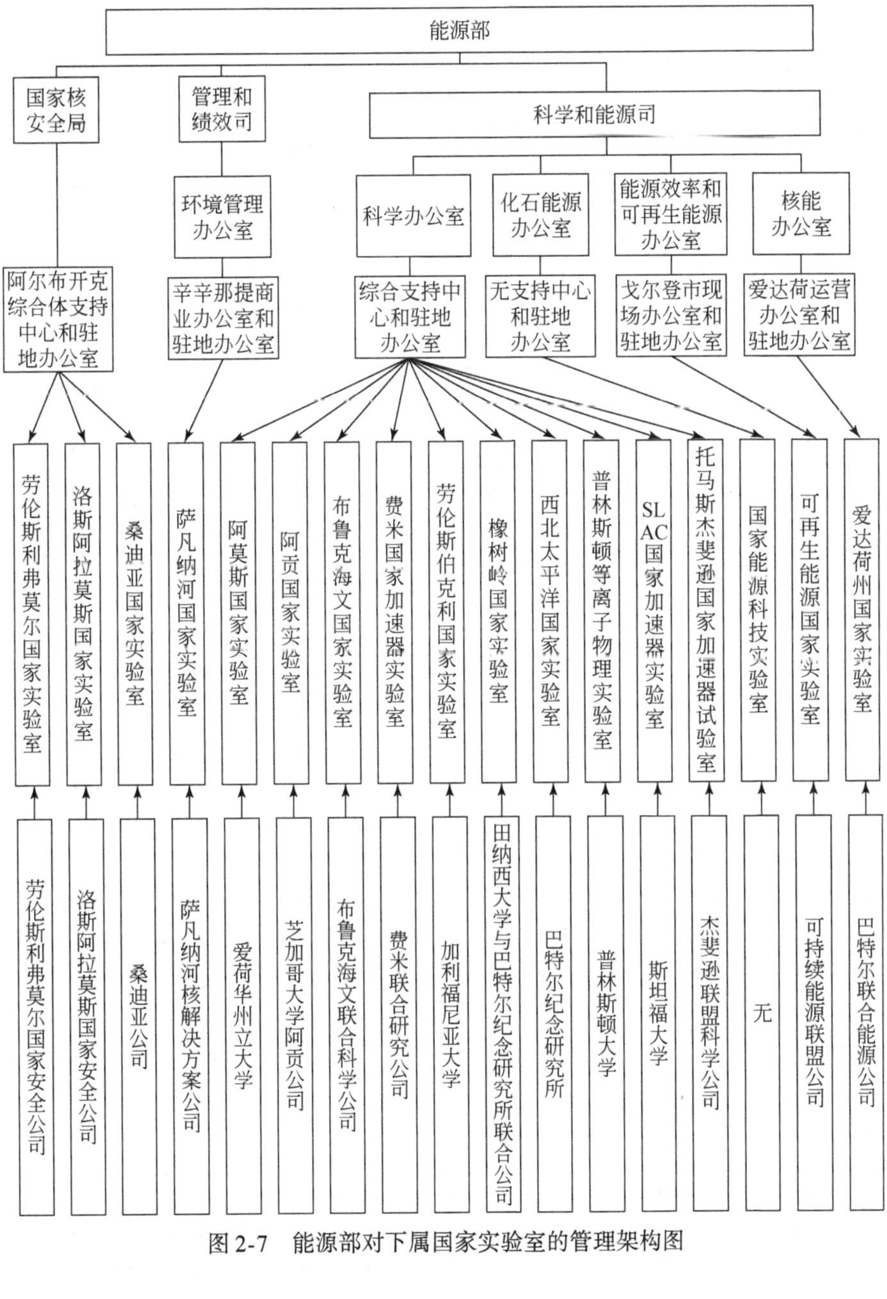

图2-7　能源部对下属国家实验室的管理架构图

（二）能源部资助的国家实验室概况

2014年，17个能源部国家实验室共雇佣了超过55 000名员工，得到来自能源部的资金117亿美元，加上其他来源的资金，总的预算达到143亿美元（表2-6）。

表2-6　能源部国家实验室概况（2014财年）

监管办公室	实验室	负责管理的合同商	来自能源部的预算/亿美元	总预算/亿美元	雇佣人数(FTE)*	成立年份/年
能源效率和可再生能源办公室	可再生能源国家实验室	可持续能源联合公司	2.90	3.40	1700	1977
环境管理办公室	萨凡纳河国家实验室	萨凡纳河核解决方案公司	2.04	2.31	800	1951
化石能源办公室	国家能源科技实验室	无	6.90	6.92	1380	1910
核能办公室	爱达荷州国家实验室	巴特尔联合能源公司	6.70	8.00	3700	1949
国家核安全局	劳伦斯利弗莫尔国家实验室	劳伦斯利弗莫尔国家安全公司	12.0	14.5	5700	1952
国家核安全局	洛斯阿拉莫斯国家实验室	洛斯阿拉莫斯国家安全公司	20.0	22.0	9500	1943
国家核安全局	桑迪亚国家实验室	桑迪亚公司	18.0	27.5	11 000	1949
科学办公室	阿莫斯国家实验室	爱荷华州立大学	0.50	0.53	280	1947
科学办公室	阿贡国家实验室	芝加哥大学阿贡公司	6.00	7.20	3400	1946
科学办公室	布鲁克海文国家实验室	布鲁克海文联合科学公司	5.30	5.80	2800	1947
科学办公室	费米国家加速器实验室	费米联合研究公司	4.30	4.30	1800	1967
科学办公室	劳伦斯伯克利国家实验室	加利福尼亚大学	6.40	7.60	3500	1931
科学办公室	橡树岭国家实验室	田纳西大学与巴特尔纪念研究所联合公司	11.0	13.0	4300	1943
科学办公室	西北太平洋国家实验室	巴特尔纪念研究所	5.80	9.10	4300	1965
科学办公室	普林斯顿等离子物理实验室	普林斯顿大学	0.90	0.92	460	1951
科学办公室	SLAC国家加速器实验室	斯坦福大学	4.10	4.20	1400	1962
科学办公室	托马斯杰斐逊国家加速器试验场	杰斐逊联合科学公司	1.70	1.72	710	1984

注：数据不作标注时，均来自于Commission to Review the Effectiveness of the National Energy Laboratories（CRENEL）在2015年10月的Securing America's future：Realizing the potential of the department of energy's national Laboratories。

* Full time employee（FTE）定义：总的工作小时数除以2080。FTE比员工总人数少，因为有部分兼职员工。

（三）国家实验室与能源部的合同关系

17 个实验室中，有 16 个通过管理和运营合同（management and operating contract, M&O contract）① 的形式来进行管理②。M&O 合同商包括单个大学、大学联盟、非营利公司、工业企业，以及以上几类组织形成的合作组织。在 FFRDC 和 M&O 模式下③，政府的职责是决定“做什么”（设定战略目标）和提供必要的资金，合同商以及合同商运营的实验室的职责是决定“怎么做”（自主决定以怎样的方式实现战略目标）和具体实施。

1. 合同关系涉及的法律法规和概念

FFRDC 和 M&O 模式要依据合同要求执行。这里的“要求”是指 M&O 合同中对实验室的约束或规定，有权力推动设定要求的机构包括能源部、联邦政府、州政府和其他规制机构（赵俊杰，2013）。合同要求一般以合同要求文件（contractor requirements document, CRD）的形式纳入能源部的政策中④。有五条设立合同要求文件的途径：能源部总部、能源部指令项目、能源部技术标准项目、国家核安全局和其他途径，其中最重要的有两条。

1）能源部指令项目（DOE directives program）：包括政策、命令、通知、指南和指引五大类，由能源部管理办公室（DOE Office of Management）管理。

2）能源部技术标准项目（DOE technical standards program）：包括标准，手册和规范三大类，由能源部环境、健康、安全生产和国家安全办公室（DOE Office of Environment, Health, Safety and Security）管理。

要求类型及设立途径的完整介绍见表 2-7。

表 2-7　M&O 合同要求的各种类型和定义

设立要求的途径	要求类型	定义
能源部总部	部长备忘录	强制性要求，由能源部部长签署
	能源部采购条例	强制性要求，是在现有联邦采购条例的基础上补充对采购过程的法规要求
能源部指令项目	政策	对能源部的指导性目标，不直接包含要求；不过可能会根据该政策制定强制性要求
	命令	强制性要求，是对整个能源部的管理目标的明确和职责权力的划分；命令必须是针对于能源部的，不能与其他指令或已有的法律规定重复

① 《原子能法 1964 年》（公法备案号 79-585）制定了 M&O 合同，并建立了原子能委员会（Atomic Energy Commission），该委员会是 1977 年成立的能源部的前身。

② 国家能源科技实验室（The National Energy Technology Laboratory, NETL）是唯一的政府所有，政府运营的实验室（government-owned, government-operated, GOGO）。

③ 前面提到，国家能源科技实验室（The National Energy Technology Laboratory, NETL）是唯一的政府所有，政府运营（government-owned, government-operated, GOGO）的实验室。

④ CRD 模式创建于 1995 年，具体见 DOE Manual 251.1-1, Directives System Manual, October 16, 1995。

续表

设立要求的途径	要求类型	定义
能源部指令项目	通知	强制性要求，与命令有同等效力，但针对的是能源部的短期行动和管理目标
	指南	强制性要求，是对其他要求的补充，具体来说，是对其他要求条款的执行程序说明
	指引	非强制性要求，提供执行强制性要求的可行方式
能源部技术标准项目	标准	非强制性要求，提供标准的途径、方法、技术指标和其他信息
	手册	非强制性要求，是对好的做法和经验教训的汇编
	规范	非强制性要求，是细致的技术指导
其他	公函（寄出单位可以是合同官员或法务部）	非强制性要求，一般由相关单位寄往合同官员，是对 M&O 合同的建议
国家核安全局	国家核安全局专门政策	国家核安全局的指导性目标，不直接包含要求；不过可能会根据该政策制定强制性要求
	增补指令	强制性要求，是对能源部命令的补充，指明国家核安全局会如何履行强制性要求

注：NNSA 网站，“NNSA Policy System”，http：//nnsa. energy. gov/aboutus/ouroperations/managementandbudget/policysystem；能源部网站，“Acquisition Letters”，地址为 http：//energy. gov/management/acquisition-letters；“Directives”，地址为 https：//www. directives. doe. gov；“DOE Technical Standards Program”，地址为 http：//energy. gov/ehss/services/nuclear-safety/department-energy-technical-standards-program。

2. 影响合同要求设立和实施的内外部机构

可以推动设立合同要求的内外部机构包括：能源部总部，法务办公室（Office of the General Counsel）和监察办公室（Inspector General，IG）；独立的监管团体，包括国防核设施安全委员会（Defense Nuclear Facility Safety Board，DNFSB），美国审计总署（Government Accountability Office，GAO）；顾问团体，如能源部部长顾问委员会（Secretary of Energy Advisory Board，SEAB）；国会、媒体和普通大众等。具体关系如图 2-8 所示。

图 2-8 左侧是 18 类推动设立合同要求的相关方，图中间是 17 类设立的合同要求类型，两者之间的连线表示特定相关方可以设立的合同要求类型。比如能源部部长可以推动设立的合同要求类型包括部长备忘录、能源部采购条例和政策，表 2-7 简要给出了主要合同要求类型的定义。图右侧是合同要求作用于国家实验室的过程。新的合同要求设立后，实验室内部制订合同的部门与驻地办公室、支持中心合作，根据合同要求设立具体的管理条例和运营流程，确保合同要求的落实。对合同要求的过度解读会导致保守的管理条例甚至设立新的合同要求，从而影响国家实验室的运营效率。

评估监管机构通常会审核实验室是否遵守了 M&O 合同中的各项要求。举例来说，国家核安全局下属三个国家实验室因其运营风险更高，所以以国防核设施安全委员会和美国审计总署为主的外部机构对其进行严密的监管和审核。国防核设施安全委员会监督实验室安全运营的方法是，首先评估能源部有关安全的指令和程序，然后审核国家实验室执行和遵守相关要求的情况。据统计，2015 年能源部针对国家实验室发布的 104 项规定纳入合同

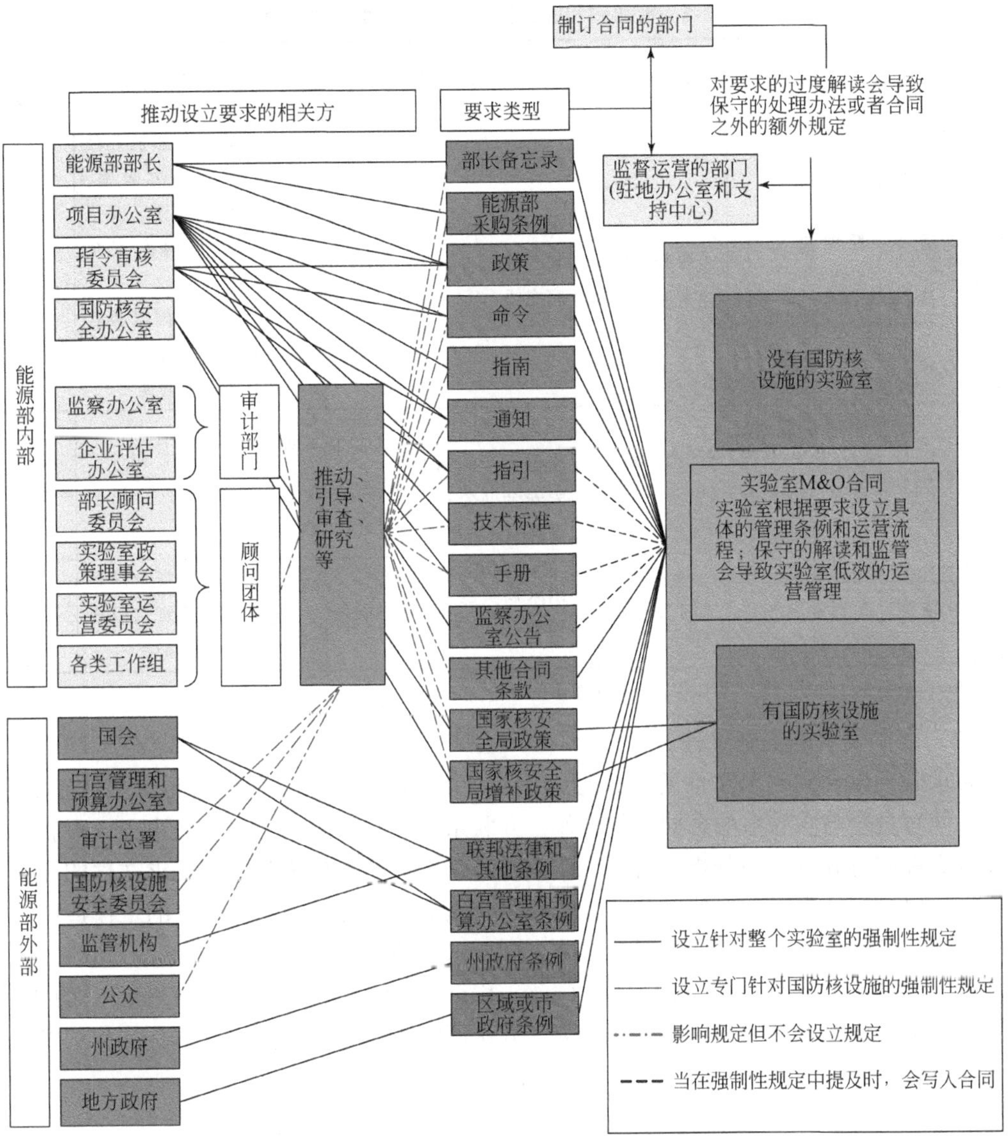

图 2-8　影响合同要求设立和实施的推动机构

要求中的命令，有 29 项要经国防核设施安全委员会审核①，而且其中很多合同要求就是由国防核设施安全委员会推动设立的。

3. 合同要求设立和实施的流程

（1）合同要求的设立过程

设立合同要求的主要途径是能源部指令项目和技术标准项目，除此之外国家核安全局也可以通过专门政策和增补指令来设立合同要求。具体设立过程见表 2-8。

---

① 能源部网站：https：//www. directives. doe. gov。

表 2-8　能源部和国家核安全局设立要求的过程

项目	执行者	所需时间	决策者	评论过程	审查委员会成员	要求的再审核期
能源部指令项目	管理办公室主任	大约 150 天	部长，副部长，管理办公室主任	签字同意，通过 RevCom* 公开各方意见	投票：副部长办公室，监察办公室，环境、健康、安全生产和国家安全办公 非投票：国家实验室主任理事会和现场管理理事会	4 年
技术标准项目	环境、健康、安全生产和国家安全办公室指派的管理员	大约 90 ~ 120 天	环境、健康、安全生产和国家安全办公室高级项目官员	签字同意，通过 RevCom 公开各方意见	无	5 年
国家核安全局政策和增补指令	国家核安全局负责管理和预算的副局长	大约 120 天	国家核安全局局长	签字同意	由国家核安全局各个项目负责人组成的管理理事会	2 年

* RevCom 是一个网络应用，可以保存对要求草案的评论。

（2）合同要求的实施过程

要求必须以合同要求文件的形式写入 M&O 合同才能生效。当合同要求文件发布后，现场合同官员会与实验室的合同官员合作，并联系相关专家建立一个工作小组，对新的合同要求文件进行分析。在分析之后，工作小组进一步讨论，是按照合同要求文件的原文实施，还是要进行修改。如果要修改，工作小组必须证明原要求会给实验室的工作造成不必要的负担。经过修改后，合同商开始实施合同要求文件。

合同商可以申请对新的要求豁免（exemption），或采取替代（equivalency）的要求。不同实验室的情况不尽相同，有的采取第三方认证的方式，如 ISO 认证；有的利用能源部其他文件替代。

第三节　美国国防部对下属国家实验室的管理模式

美国国防部下属的国家实验室一直是维持美国军队领先地位的重要贡献者，其在国防部制定的总体目标、任务和工作范围内开展研究工作。美国国防部之所以对一些国家实验室进行资助主要是基于三点原因。一是由于国防相关任务涉及计算机科学、数学、工程学、环境科学、生命科学、物理学、心理学、社会科学等诸多学科领域，单凭国防部自身的机构无法吸引和留住足够的相关工作人员以开展大量的高质量的研究支撑工作，而国家实验室在诸多领域独特的研究能力恰好可以满足国防部的需求。二是由于国家实验室的运营管理以公共利益为核心，不涉及市场机构的利益冲突，因此能以独特的方式支持国防部的工作，而这种独特的方式也是产业部门、为产业部门服务的非营利承包商以及以营利为目的承包商所无法实现的。三是国防部下属的国家实验室多年来一直与国防部保持良好的合作关系，在国防相关研究领域拥有长期的核心竞争力，能够持续为国防部在分析决策、工程建设、采办支撑和研发等方面产生重要的影响，国家实验室拥有的极具价值的研究能力是美国国防部不断采取措施维持和增强其研发实力的主要动力。

美国国防部对下属国家实验室进行经费资助，但不对其进行直接的运营和管理，而是通过与大学或非营利机构签订合约来获得国家实验室的研究能力，由签约的大学或非营利机构直接运营和管理国家实验室。美国国防部与大学或非营利机构签订的合约必须符合联邦采购条例和国防部采购条例的相关规定。目前，共有7个机构负责运营和管理国防部下属的10个国家实验室。相较于国防部，大学或非营利机构的运营和管理更具有灵活性，能更好地确保吸引和留住高水平的研究人员为关键性问题开展独立的研究。

由于美国国防部下属国家实验室的重要性和独特地位，国防部必须确保以一种最优的方式来发挥国家实验室的优势，并确保为其进行有效地指导和制定相关程序来对其进行监管。本书从美国国防部的科研管理体系、下属国家实验室的经费资助和主要研究领域等方面，对美国国防部下属国家实验室的管理模式进行了深入的研究和分析。

一、美国国防科研管理体系

国防科研体系是美国科研体系的重要组成部分，2011～2017财年，美国国防R&D预算占总R&D预算的比例保持在50%以上。1958年以前，美国国防科研管理由三军分管，随着分散管理弊端的逐渐显现，国防科研管理体制不断变革，并形成了以国防部为主、国防部统一管理三军、军内外结合的国防科研体制（黄国杰和刘云，2007）。2011～2017财年，国防部R&D预算占美国国防R&D预算的比例保持在90%以上。

表2-9　2011～2017财年联邦R&D预算表（以2016财年不变美元计价）

财年	2011	2012	2013	2014	2015	2016	2017
联邦R&D总预算/亿美元	1565.85	1518.10	1376.86	1406.08	1411.59	1466.83	1461.42
国防R&D预算/亿美元	902.33	838.47	730.58	735.85	734.89	771.79	788.84
国防部R&D预算/亿美元	858.06	793.13	686.32	684.73	671.94	714.53	719.27
国防R&D占联邦总R&D的比例/%	57.63	55.23	53.06	52.33	52.06	52.62	53.98
国防部R&D占国防R&D的比例/%	95.09	94.59	93.94	93.05	91.43	92.58	91.18
国防部R&D占联邦总R&D的比例/%	54.80	52.24	49.85	48.70	47.60	48.71	49.22

注：2016财年的数据为估计值，2017财年的数据为预算值，其余财年为实际值。数据来源为Historical AAAS data based on OMB and agency R&D budget data。

如图2-9所示，在美国国防科研管理体系中，国会和总统主要负责法规制定和预算审批，国防部和其他政府相关部门主要负责统筹协调，国防部的项目管理和计划执行在国防研究与工程署的统筹下，主要由三军和其他国防机构分管。国防部三军、其他国防机构以及其他政府相关部门都设有直属科研机构，具体负责完成研究任务。此外，国防部和其他政府相关部门也通过合同管理的方式与大学、工业界以及非营利机构进行合作，利用这些机构的研究能力，更好地履行各自部门的职责。

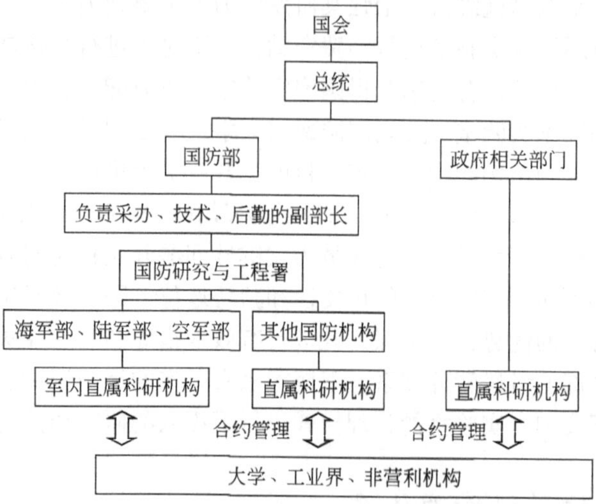

图 2-9　美国国防科研管理体系

美国国防部的科研任务主要通过合同的形式交由外部机构来完成，其中工业界机构和大学是获得国防部科研任务最多的外部机构，国防部下属国家实验室在国防部科研任务中的占比不大。由表 2-10 和表 2-11 可见，2014 财年美国国防部获得的联邦研究类经费预算中的 68% 由外部机构获得，其中工业界获得的研究经费预算最多（36.93%），其次是国防部内部直属科研机构（32%）和大学（23.17%），国防部下属国家实验室总计占比为 2.92%。2014 财年美国国防部获得的联邦开发类经费预算中的 67.45% 属于外部机构，其中仅工业界获得的开发类经费预算就占总额的 62.79%，其次是国防部内部直属科研机构（32.55%）和大学（1.5%），国防部下属国家实验室总计占比为 2.13%。

表 2-10　2014 财年美国国防部按项目执行机构划分的联邦研究类经费预算

分类	项目执行机构	金额/万美元	占比/%
内部机构	直属科研机构	214 518.74	32.00
外部机构	工业界	247 608.79	36.93
	工业界管理的国家实验室	6 480.2	0.97
	大学	155 310.68	23.17
	大学管理的国家实验室	8 029.64	1.20
	其他非营利机构	24 291.33	3.62
	非营利机构管理的国家实验室	5 050.46	0.75
	州、地方政府	182.73	0.03
	国外机构	8 962.6	1.34
合计		670 435.18	100

注：参考 National Science Foundation，National Center for Science and Engineering Statistics 在 2014 ~ 2016 财年的 “Survey of federal funds for research and development”。

表 2-11　2014 财年美国国防部按项目执行机构划分的联邦开发类经费预算

分类	项目执行机构	金额/万美元	占比/%
内部机构	直属科研机构	1 896 968.28	32.55
外部机构	工业界	3 659 228.77	62.79
	工业界管理的国家实验室	39 806.3	0.68
	大学	87 307.49	1.50
	大学管理的国家实验室	28 221.97	0.48
	其他非营利机构	22 595.17	0.39
	非营利机构管理的国家实验室	56 382.48	0.97
	州、地方政府	664.91	0.01
	国外机构	36 437.44	0.63
合计		5 827 612.8	100

注：参考 National Science Foundation, National Center for Science and Engineering Statistics 在 2014 ~ 2016 财年的 "Survey of federal funds for research and development"。

二、国防部对下属国家实验室的管理体系

美国国防部下属国家实验室在整个国防部科研任务中所占的比重不大，但由于其以公共利益为核心、不涉及市场利益冲突、拥有长期的国防科研核心能力等特点，其在国防部科研体系中占有重要而独特的地位。

（一）三层组织架构及其职责

美国国防部并不对其下属国家实验室进行直接运营和管理，而是通过其直属国防机构与大学或非营利机构签订合约来获得国家实验室的研究能力，签约的大学或非营利机构负责直接运营和管理国家实验室，从而形成了"美国国防部部属各国防机构（资助单位）、运营和管理机构、国家实验室"的三层组织架构。如图 2-10 和图 2-11 所示，截至 2016 年，共有 7 个机构负责运营和管理国防部下属的 10 个国家实验室。10 个国家实验室分别由美国国防部下属的陆军部（1 个）、海军部（1 个）、空军部（2 个）、国家安全局/中央安全服务（1 个）、负责采办、技术和后勤的国防部副部长办公室（5 个）进行资助，在具体合约的约束下分别由兰德公司（3 个）、CAN 公司（1 个）、航空航天公司（1 个）、国防分析研究所（2 个）、MITRE 公司（1 个）、麻省理工学院（1 个）、卡内基梅隆大学（1 个）具体负责运营和管理。

从运营管理机构的性质来看，国防部下属的 10 个国家实验室只有 2 个是由大学负责运营管理的，分别为 MIT 林肯实验室和软件工程研究所，其余 8 个均由非营利机构负责运营管理，而没有由工业界运营管理的国家实验室，这是由国防部特殊的研发领域和目的所决定的。虽然工业界没有参与运营管理国防部的国家实验室，但是国防部的研发经费中有一小部分可以投入到其他联邦部门下属的由工业界管理的国家实验室中（表 2-10 和表 2-11）。

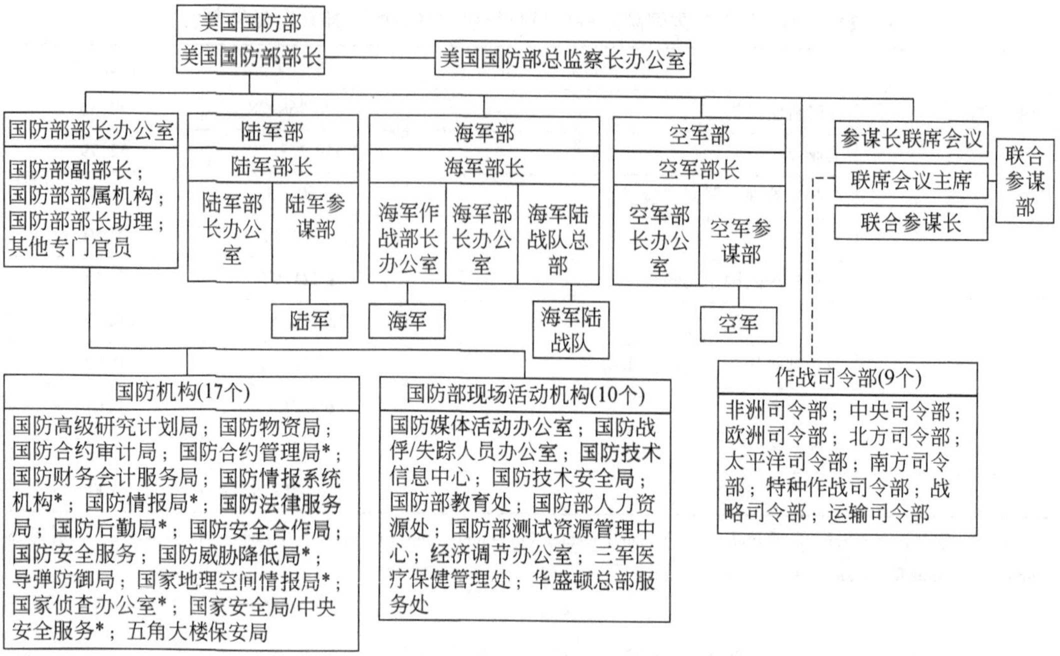

图 2-10　美国国防部组织机构图

*标注为作战支援机构

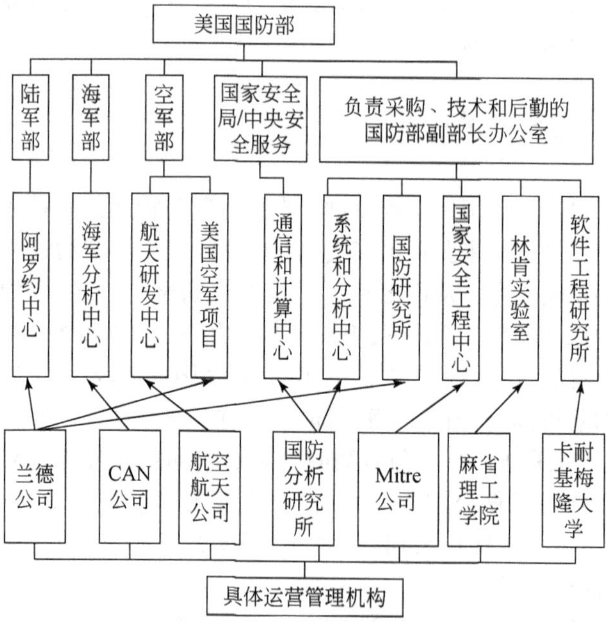

图 2-11　美国国防部下属国家实验室治理体系

在美国国防部国家实验室管理的三层组织架构中，各个层次的职责明确且相互配合。

1. 国防部副部长办公室职责

国防部下属国家实验室的总体事务由负责采办、技术和后勤的国防部副部长办公室

[OUSD（AT&L）] 统筹协调，其主要职责是：

1）制定和发布国家实验室的相关程序。

2）根据美国国防部的要求、事项优先级和发展战略，为每个国家实验室制定年度 STE① 上限和资金配额上限。

3）主持由国防部资助单位参加的年度会议，在会上根据具体情况，讨论运营管理、事项优先级、效率改进、合作机会以及其他主题。

4）对国家实验室提交的所有的全面回顾材料进行检查和批准，并对是否续签合约进行决策。

2. 资助单位主要职责

对国防部下属国家实验室进行资助的三军部门和其他国防机构作为资助单位，其主要职责是。

1）制定年度管理程序来监督和控制国家实验室工作的价值、质量和响应能力。

2）确保国家实验室的所有工作都是核心工作②，并且符合每年的 STE 分配。

3）检查和批准国家实验室关于核心工作的声明。

4）确保恰当的合约支持以保证所有合约文件（包括工作指令）和资助资金及时解决。

5）对于已明确的任何特定国家实验室的限制的偏离或例外事项，向负责采办、技术和后勤的国防部副部长办公室提供具有恰当理由的请求。

6）按照美国国防部总体的事项优先级安排国家实验室的工作并确定优先程度，确保与使用者③和运营管理机构进行合作。

7）每年召开一次由资助单位和使用者参加的会议，根据国防部的事项优先级、需求以及政府机构之间合作的机会等，调整未来的工作。

8）确保资助单位和使用者为国家实验室提供开展研究工作所必要的信息。

3. 国家实验室的运营机构职责

国家实验室的具体运营和管理机构，其主要职责是：开发一个管理模式，构建适合国家实验室监督和管理的严格程序。在管理模式中应当有一个管理主体来具体监管国家实验室工作的核心领域、质量和价值，并进一步确保有关国家实验室管理的具体要求得到了恰当地贯彻。管理主体应至少每年开一次会。管理模式中也要对国家实验室需要提交的年度项目计划提出要求，国家实验室提交年度项目计划的时间要与管理主体的检查时间计划相一致。国家实验室的项目计划应当每年提交一次，但是计划设计的周期可以扩展到一年以上。

4. 国家实验室的职责

国防部下属 10 个国家实验室均成立于 20 世纪 40 ~ 80 年代，应冷战时期特殊的国防

① STE 即 Staff Years of Technical Effort，为技术服务从事 1810 个小时的有偿工作。STE 工作年既包括国家实验室员工也包括分包的咨询技术工作。

② 核心工作：根据 FFRDC 合约而开展的与 FFRDC 已明确的任务、目的、能力、要求以及核心能力相一致的任务。

③ 使用者：一个需要国防部国家实验室服务的实体（国防部或非国防部）。

研发需求而产生，分别属于研究和分析（S&A）、系统工程和集成（SE&I）以及研究和开发（R&D）三个不同的类型，其中多数属于研究和分析（S&A）型（5 个），系统工程和集成（SE&I）型和研究和开发（R&D）型分别为 2 个和 3 个。不同类型的国家实验室其主要任务不同，具体情况见表 2-12。

表 2-12　美国国防部下属国家实验室所属类别

所属类别	主要任务	国家实验室	成立时间
研究和分析 Study and Analysis（S&A）	通过在国防部的重要核心工作领域开展独立客观分析和提出建议，为国防部提供政策开发、决策制定、可替代方法以及新思路等的支持	阿罗约中心	1982 年
		海军分析中心	1942 年
		国防研究所	20 世纪 80 年代
		美国空军项目	1946 年
		系统和分析中心	20 世纪 50 年代
研究和开发 Research and Development（R&D）	有效满足国防部内部和其他私人部门研发中心无法满足的国防部核心领域的相关需求。这类国家实验室在技术领域保持着长期的竞争能力，这样的能力是国防部内部或其他私人部门的能力所不能匹及的	林肯实验室	1951 年
		软件工程研究所	20 世纪 60 年代
		通信和计算中心	20 世纪 50 年代
系统工程和集成 Systems Engineering and Integration（SE&I）	运用国防部不具备的技术和工程能力，确保复杂系统能够满足实际运行的要求。这类国家实验室在以下方面提供帮助：系统概念和架构的开发和选择；技术系统及其子系统相关要求和界面规格；系统集成工程能力的优先次序，尤其是在联合行动领域；系统软硬件的开发和采购；性能的测试和核实；新性能的集成和互用性；系统操作和后勤的持续改进；将新技术转移到私人部门以使政府部门从更宽更广的专业知识基础中受益	航天联邦政府资助的研发中心	1960 年
		国家安全工程中心	20 世纪 50 年代

注：参考美国国防部网站在 2011 年的“FFRDC management plan and associated how to guides”。

不同类型国家实验室的主要任务不同，但每个国家实验室都必须维护好一个当前的核心声明，声明中应对国家实验室的任务、工作总体范围以及国家实验室必须保持的以支持资助单位相关任务的核心能力进行描述。声明应提供足够的特征以辨别一项工作是否在国家实验室的工作范围内。国家实验室核心声明及其任何变动都必须得到负责采办、技术和后勤的国防部副部长办公室的批准。

（二）美国国防部对下属国家实验室资助协议的要点

资助协议是美国国防部国家实验室管理模式的核心，通过资助协议，国防部资助单位对国家实验室进行资助，并规定各自的职责和监管程序。按国防部的规定，资助协议的期限不应超过 5 年，但是在通过全面检查的情况下能够得到更新，增加的年限不能超过 5 年。资助协议要根据特定国家实验室的特点制定恰当的内容，资助单位可以通过行政指令来补充资助协议。一个标准的资助协议应至少包含以下 5 点内容。

1）国家实验室协议有序终止或不再续约后的资产处置、负债清算的相关条款。关于国家实验室资产化的条款应当保证，当国家实验室与资助单位之间的关系终止时，其资产所有权应当能够得到较为容易的处理。

2）除满足国防部采购条例中的要求外，国家实验室不得与非国家实验室为了竞争一个正式的投标申请，在国家实验室协议约定的运营范围外进行竞争。这个禁止条例在国家实验室运营机构开展非国家实验室职责范围内工作①时不适用。

3）明确国家实验室是否可以在资助单位之外，从其他机构那里承担工作。如果一个国家实验室可以在资助单位允许的情况下承担非资助单位②的工作，协议中必须包括相关的程序，同时也要包括对允许参与的伙伴类型的限制（比如其他联邦机构，州、地方或外国政府，或非营利组织等）。

4）对国家实验室年度绩效评估的相关程序进行规定。至少应评估国家实验室的技术质量、响应能力、价值、成本和工作及时性等，并将结果反馈给国家实验室。国家实验室在收到反馈结果后要给资助单位提供一个改进计划，以解决在任何领域令人不满意的表现。

5）资助单位应当在各自的资助协议中加入相关条款为国家实验室及其运营机构的工作绩效提供指导方针。在为一个国家实验室分配工作时，资助单位应当遵循两个原则，一个是分配的任务应当充分利用国家实验室的核心竞争力和独特的特点，另一个是要增强与国家实验室之间的长期合作关系。只有满足这两个原则的工作才应当分配给国家实验室，而且这样的工作相较于国家实验室擅长的其他工作而言具有优先性。

美国国防部各部属资助单位在与国家实验室签订协议时，一般也会对国家实验室的工作类型、费用、技术转让、综合检查等作出相应的规定。

1）工作类型。国防部的国家实验室应当仅开展与自身核心能力相关的工作，负责运营管理国防部国家实验室的机构可以在资助单位的监督下开展非核心的工作内容，表 2-13 对国防部国家实验室工作类型的具体规定作了简单归纳。

表 2-13　国防部国家实验室工作类型的具体规定

工作类型	具体规定
国家实验室核心工作	1. 所有的工作必须得到国家实验室资助单位的批准
	2. 分配的工作只能来自美国国防部、其他政府机构、州和市政府、非营利活动
	3. 以满足国防部各部门的工作需求为主，在不影响国防部各部门正常工作需求的前提下，可以适当为国防部以外的其他部门提供服务
	4. 国防部国家实验室不应当开展任何的商业性工作
非国家实验室工作	1. 除大学外，所有负责运营国防部国家实验室的机构必须开展与国家利益相关的工作
	2. 非国家实验室工作不应当破坏国家实验室的独立性、客观性或可信性，不得涉及实际的或可能的利益冲突，也不能影响国家实验室工作的绩效

① 非国家实验室职责范围内工作：由国家实验室运营机构组织开展的在国家实验室核心工作之外的任务。

② 非资助单位：任何的非国防部机构，在或者不在联邦政府内，为国家实验室提供资助以开展特定的工作，而这些工作不属于资助协议。

续表

工作类型	具体规定
非国家实验室工作	3. 国家实验室运营机构在运营国家实验室以及通过国家实验室获取信息方面的优势不能被用来开展非国家实验室工作
	4. 可以为公共部门和非营利实体开展非国家实验室工作
	5. 除大学外，负责运营国防部国家实验室的机构通常不允许开展商业工作。但是如果所开展的商业工作不会产生私人所有权的交付并且也不会专有地使任何个人营利实体受益，资助单位可以将这样的商业工作作为例外并允许其开展。但是，如果资助单位允许了一个例外，这样的工作必须建立在非排他的基础上，且有利于国家实验室目的和任务的实现
	6. 每一个国家实验室资助单位应当定期评估国家实验室运营机构开展的非核心工作，以确保其未损害开展国家实验室核心工作的能力
例外事项	对于工作类型的例外事项的请求必须直接提交到资助单位和负责采购、技术和后勤的国防部副部长办公室

2）经费。国防部依靠国家实验室运营机构来运营管理国家实验室，并将其作为国防部的战略资产，这与单个资助单位和使用者的需求是一致的。运营机构必须接受与国家实验室相关联的责任和政策限制。相应地，美国国防部将尽全力确保为运营机构提供充足的资源，使其能以经济上有利的方式运营管理国家实验室，并且对当前和未来的需求给予适当的考虑。由于运营国家实验室产生的日常必要的支出必须作为成本或费用得到补偿，运营机构被授予了足够的灵活性采用最佳方法来投资于国家实验室的人力资源、技术、技术卓越和物理设施。为了更好地服务于国防部的需求，国家实验室及其运营机构必须拥有足够的财务灵活性来投资于未来。

国家实验室在业务开展过程中会产生很多支出，而这些支出通常无法依靠政府协议完全补偿，由于国家实验室在开展工作的类型方面受到了国防部的严格限制，他们能够用于补偿这些支出的资金来源受到了限制。资助单位在资助协议中应尽量考虑到这一点，将国家实验室的相关支出合理化，体现出资助经费的恰当性。当协议中的经费被批准之后，国家实验室应当按照相关的指导来确定具体需要的规模。

资助单位应当首要站在国家实验室承包商的立场上评估经费的规模和合理性，评估承包商可以提供的可利用的资源，但不应考虑其可利用的非国家实验室资源。对于所需经费的认知应当考虑到国家实验室承包商的运营和管理利益。如果一项活动作为整体对一个运营机构有益（例如，使用经费为参与研发活动的人员提供报酬），且只要对国防部有直接或间接的益处，这项活动就可以作为经费申请的合理解释。

资助单位应当每年开展一次评估活动，以衡量之前有关经费的陈述和解释是否可靠（既包括经费规模也包括经费使用计划）。多次重复出现的未能合理解释的不合理费用支出将影响到经费的拨款或经费量级。如果一笔经费在合约中被确定了，年度检查应该确认是否发生了重大变化且对是否需要对经费规模进行修改做出决定。

在国家实验室协议下发生的支出需要符合相关支出原则（例如，商业活动应用 FAR31.2，非营利活动应用 OMB Circular A-122，或者大学附属机构使用 OMB Circular

A-21)、规定或适用于国家实验室协议的法规。经费必须分为协议直接的或间接的支出，在资助单位允许的情况下，可以存在一些例外情况。

3）技术转让活动。资助协议和合同可以包括国家实验室以技术转让活动参与相关产业的权利。资助单位必须采取恰当的保护措施以确保国家实验室及其员工没有机构和个人的市场利益冲突，并且确保国家实验室建立和维护的前提条件没有被妥协。保护措施应当包括对技术转让工作特定的监察和批准，监察和批准需要在技术转让工作之前由资助单位具体案例具体分析。保护措施应当制定特定的监察和批准标准，并将其纳入每个国家实验室的资助协议。这些标准必须与国家实验室的任务、章程、核心能力保持一致，并且与资助单位和国防部管理技术转让活动的相关政策保持一致，确保技术转让活动不会对国家实验室的核心工作产生负面影响，不会产生一个实际的或可能的市场利益冲突。

4）综合检查。资助单位至少每 5 年应当开展一次国家实验室的全面检查，检查工作应符合联邦采购条例和国防部采购条例的相关规定，检查的目的是通过对国家实验室使用和需求的正式分析来帮助资助单位的领导层决定是否继续对国家实验室进行资助。资助单位应当按照相关要求确保国防部内检查过程的连贯性和彻底性。国防部国家实验室检查报告的相关要求见表 2-14。

表 2-14　国防部国家实验室的报告要求

年度报告要求	日期	描述
关于 STE 和资金资助的年度报告	按要求	向 USD（AT&L）提供一个展示 STE 和相关资金数据的报告（DOD 和 non-DOD）。USD（AT&L）将提供国会报告和预算估算所需要的数据调用格式
对于资助协议和核心声明的变更	不迟于发生变更之后的 30 天	向 USD（AT&L）提供资助协议或核心声明变更的复印件
综合检查的通知	检查日期之前的一年	向 USD（AT&L）通告综合检查活动。USD（AT&L）将向资助单位提供有关特殊检查要求的建议
综合检查	不迟于国家实验室合约更新前的 90 天	向 USD（AT&L）提供综合检查的结果。USD（AT&L）的同步工作要求在国家实验室合约更新前完成。
资助单位年度计划	不迟于年度国家实验室会议前的两星期	资助单位年度国家实验室项目计划

三、美国国防部资助的国家实验室管理模式的优缺点分析

“国家实验室资助机构—国家实验室运营机构—国家实验室”这种三层次的管理模式是美国国家实验室普遍采用的管理模式。这种管理模式使国家实验室既能得到联邦政府的资助，又能保持较为灵活的适合研发的经营管理模式。但随着时间的推移，这种管理模式的缺点和问题也开始慢慢出现。主要体现在以下三个方面。

（一）过多的机构管理降低了国家实验室的运行效率

美国国家实验室正逐渐向更加严格的、由联邦政府机构主导的管理方向转变。联邦资助机构对国家实验室的僵化管理降低了实验室的运行效率和经费使用效率，使实验室的研发活动无法有效地与实际需求相对接。联邦资助机构为国家实验室制定了多个层次的管理规定，使承包商管理者通过 GOCO 管理模式获得的灵活性逐渐弱化，国家实验室的管理体系不断向联邦机构的管理体系转变。这限制了运营管理的灵活性，同时因为没有操作自主性，造成对承包商管理者的问责机制形同虚设，也导致国家实验室的创新缺乏灵活性。

联邦资助单位在一定范围内已经取代了运营商管理者而直接为国家实验室的管理制定决策，如招聘、员工补贴、设施安全、旅游和项目管理等。这样的做法一方面能够有效应对来自国会听证会关于预算削减等的审查；另一方面能够有效减少政府浪费。但资助机构逐渐僵化的微观管理模式取代了承包商责任制，从而造成了效率不高的问题。

（二）僵化的财务模式制约了经费的有效使用

美国国会对国家实验室的资金支持是通过独立而又复杂的系统实现的。资助资金先从国会拨款到资助国家实验室的联邦部委的预算中，再通过资助单位的管理办公室和十几个方案以及成千上万个具体合同，最终到达实验室管理人员和研究人员的手中。这个漫长而复杂的资源分配过程制约了研发经费的有效使用。

美国国会和联邦资助机构更多从远程微观角度管理国家实验室的经费，这些监督往往只强调如何开展研究，而不是最终研究目标，导致对国家实验室的预算监督过于死板。由于每个国家实验室只负责管理与其研究相关的技术组合的资助经费，所以国家实验室被锁定在预先安排，但不是最集约、最直接或最有效的研究项目上。这使研发成本过高成为一个普遍的问题。

（三）国家实验室缺乏高效的技术转移机制

应用国家实验室的研究来解决实际问题是衡量公共资助研究是否取得成功的关键标准之一。不管是公共资助还是私人资助，目的是从实践角度增强政府和私营部门应对具体的任务要求和支持以技术为基础的经济活动的能力。产业界如果想要使用实验室高价值的设备或与特定的专家合作来开展专利研究，实验室只能收取与研究和设备直接相关的少量费用，而不能因其基础设施优势和高质量的服务收取额外的费用。此外，非专利研究不收取费用，如通常由大学开展的并发表在期刊上的研究。与外部进行合作通常需要通过择优评审过程，非专利研究的优先级要高于付费的专利研究。虽然在实验室资产公平地向所有人开放上，当前国家实验室运行得不错，但它并没有形成一个强有力的机制来激励实验室管理人使实验室资产效益最大化。

第四节　美国国家科学基金会对资助的国家实验室的治理结构

国家科学基金会（NSF）是美国行政机构中唯一的专职科技管理部门。NSF 基本上不具有归口管理的职能，也没有下属研究机构。它的职能更多是提供“横向”的资助，即不适合由各具体职能部门承担的科技工作，特别是一些基础研究，主要由 NSF 资助并管理。NSF 承担对全国现有的科学家和工程师登记备案，对国内科技资源的有关数据进行统计、解释和分析，对全国大学和科研机构获得的联邦科技经费总额进行调查统计等工作，并每年向总统和国会汇报。本节将介绍 NSF 在国家实验室管理中的作用。

美国国家科学基金会（NSF）成立于 1950 年，是由美国国会创立的独立的联邦机构，其宗旨是“促进科学进步，提升民众的生活质量、健康状况、前景、财富、福利与保障国防安全……”。据《国家科学基金会法案》，NSF 肩负保证美国在科学技术主要前沿领域具有领先地位的重任。作为美国联邦政府资助的基础科学研究与教育的重要机构，NSF 是美国各学科领域的“发现之源”，其中许多发现和技术都是革命性的。

资助 NSF 的单位包括教育机构，非营利组织，州、地方政府和商业组织四类，不同单位具有其独特的费用科目，如针对教育机构，设置关于奖学金和学生资助成本、学生活动成本、毕业典礼成本、学院和研究生院院长成本等费用项目；对于非营利组织，设置了参与者支持成本等相关的费用项目；面向州、地方政府，设置了普通行政支出项目的规定；对于商业组织，设置了研发成本、商誉等相关的费用规定。这些经费项目更符合依托单位的性质，包括了所有可能发生的费用（表 2-15）。

表 2-15　NSF 的财政预算情况

财年	2013	2014	2015	2016*	2017*
联邦 R&D 总预算/亿美元	1376.86	1406.08	1411.59	1466.83	1461.42
国家科学基金会 R&D 费用/亿美元	53.19	57.29	59.90	61.17	61.60
国家科学基金会 R&D 占联邦总 R&D 的比例/%	3.86	4.07	4.24	4.17	4.22

*表示预测。

从资助的研究方向上来看（图 2-12），NSF 对基础领域的研究的资助远远高于对应用研究的资助额度。前者是后者的 5.3 倍左右。导致这一现象的原因主要是 NSF 主要资助的方向是前沿领域的科学研究，需要具有前瞻性和突破性，而应用研究则主要是比较成熟的技术的推广与转化，不符合 NSF 的支持宗旨。

NSF 共资助了五所国家实验室：国家大气研究中心（National Center for Atmospheric Research），国家太阳天文台（National Solar Observatory），国家射电天文台（National Radio Astronomy Observatory），科技政策研究所（Science and Technology Policy Institute）和国家光学天文台（National Optical Astronomy Observatory）。这五家机构的官方网站和管理

机构见表 2-16。

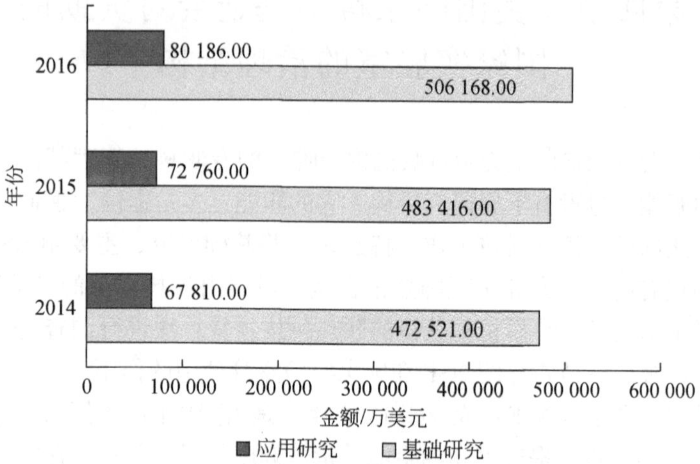

图 2-12 NSF 对不同领域的投入/千美元

表 2-16 NSF 资助的国家实验室名单

国家大气研究中心	www. ncar. ucar. edu/	大气研究大学联盟
国家光学天文台	www. noao. edu/	天文学研究大学协会（公司）
国家射电天文台	www. nrao. edu/	相关的大学、公司联合管理
国家天文观测台	www. nso. edu/	天文学研究大学协会（公司）
科学技术政策研究所	www. ida. org/stpi/	国防研究所

一、组织机构与管理模式

美国国家科学基金会下设八个学部和十个办公管理机构。学部包括生物科学学部，计算机信息科学与工程学部，教育与人力资源学部，机械工程学部，地球科学学部，数学与物理科学学部和社会、行为、经济学部。

主任办公室下属五个行政机关：多元化和包容性的办公室，法律顾问办公室，综合办公室，国际科学与工程办公室以及法律和公共事务办公室。

另外还有两个与学部同级的办公室：预算、财务与奖励管理办公室和信息与资源管理办公室。具体组织结构如图 2-13 所示。

二、美国国家基金委对五个国家实验室的资助和管理情况

NSF 对它资助的五个实验室主要通过年度拨款的方式予以支持，另外这些实验室还有一部分资金来源于政府的拨款和其他合同项目（表 2-17）。

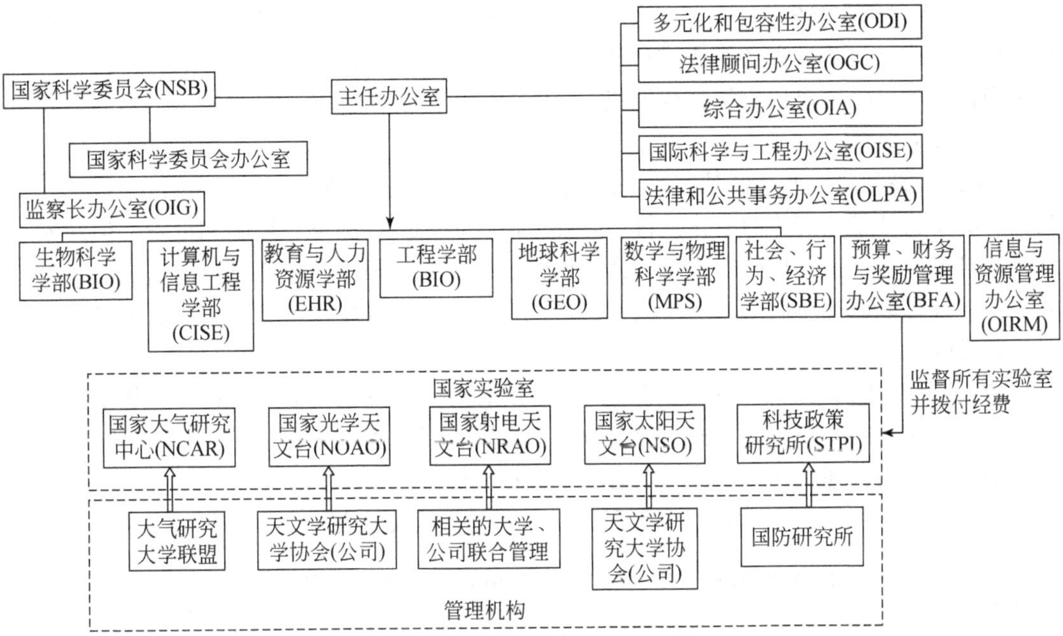

图 2-13　美国国家基金会组织机构

表 2-17　NSF 依托机构资助方式

机构类型	适用的联邦成本原则
教育机构	美国管理与预算办公室 A-21 通告（OMB Circular A-21）
非营利组织	美国管理与预算办公室 A-122 通告（OMB Circular A-122）
州、地方政府	美国管理与预算办公室 A-87 通告（OMB Circular A-87）
商业组织	联邦采购条例第 31 部分（FAR Part 31）

NSF 对这五个实验室的监管方式如图 2-14 所示。

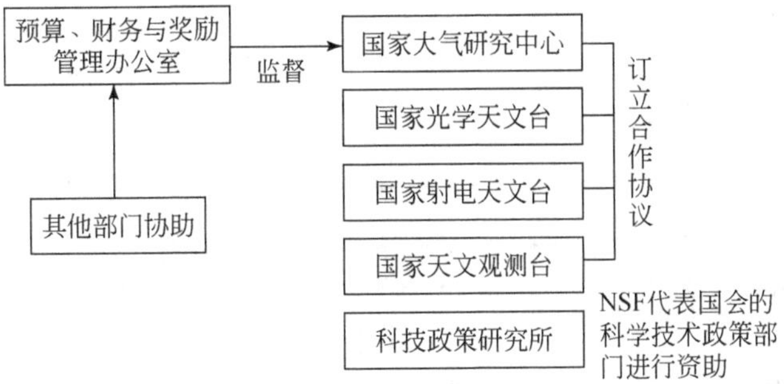

图 2-14　NSF 管理的五个国家实验室管理结构

除了科技政策研究所之外的四个实验室都采用订立合作协议的方式进行管理，而不是合同制。合作包括“合作协议（CA）”“合作研究与发展协议（CRADA）”等多种形式，其中 CA 形式比较普遍。

CA 是指联邦实验室和一个工业领域的合作伙伴建立起合作协议，实验室可以获取一些资金资助或是相关的设备等来进行研究支持或者仿真实验。与“合作研究与发展协议”的区别在于政府是否可以直接提供资助。CA 要求合作双方建立长期的关系，共同分担成本、分享成果。

CRADA 是私营企业和联邦实验室之间的合作研究和开发协议，用于执行合作，互惠互利的研发新技术并实施商业化。每一方都可以提供人员、服务、设施和设备，但政府不可以直接提供资金给合作研发协议的合作伙伴。发明权和知识产权通过协商作为协议的一部分，并且可以通过协商来决定是共享还是提供排他性。科技政策研究所则是 NSF 代表国会予以资助。

NSF 保存着国家实验室的总清单和实验室所有研究开发花费的数据报告，特别收集有产出成果的活动的经费数据。这些数据关注的是研究活动本身，可能并未包括所有的开销，如实验室的管理成本或实验室设备的建造和整修费用。

2010～2014 年，NSF 下属五个国家实验室的经费投入见表 2-18。

表 2-18　依托 NSF 的五个国家实验室 2010～2014 年的经费情况表（单位：千美元）

年份	2010	2011	2012	2013	2014
国家光学天文台	45 596	36 165	36 321	30 021	25 161
国家射电天文台	137 607	81 305	79 168	93 253	85 327
国家大气研究中心	220 328	198 231	169 743	172 527	162 259
国家天文观测台	11 549	11 724	10 236	10 648	10 039
科学技术政策研究所	6 000	8 700	7 547	5 010	10 949

总体来看，美国国家大气研究中心每年得到的资助都最高，科学技术政策研究所得到的资助最低，变化趋势如图 2-15 所示：

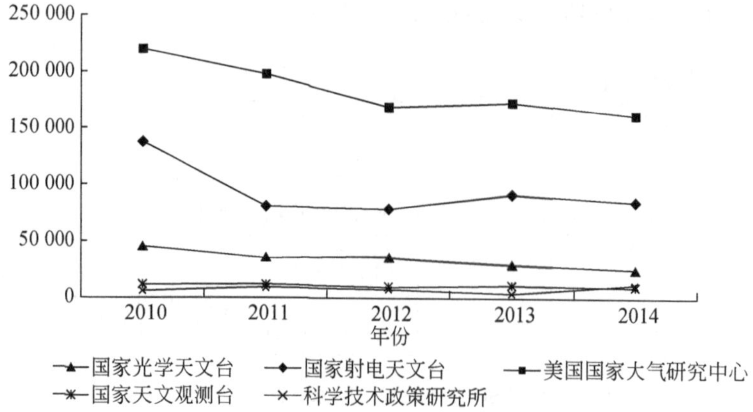

图 2-15　NSF 支持的五个国家实验室 2010～2014 年的经费变化情况

从时间趋势上来看，国家大气研究中心的资助额始终最高，但是每年的资助额有逐渐下降的趋势；国家射电天文台资助水平位于第二位，在 2011 年有一次明显的下降，此后保持在稳中有升的状态；国家光学天文台、国家天文观测台和科学技术政策研究所的资助情况保持的较为平稳。

针对每个实验室来说，NSF 支持的经费都占到自身研究经费的 80% 以上，2014 年的具体数据见表 2-19。

表 2-19　2014 年 NSF 对五个实验室的投入经费来源情况　（单位：千美元）

	联邦政府	州及当地政府	商业收入	非营利组织	其他来源
国家大气研究中心	148 933	716	6 676	5 934	3 674
国家射电天文台	21 487	0	0	0	2 350
国家光学天文台	76 668	4	0	6 305	336
国家天文观测台	9 703	0	0	0	0
科学技术政策研究所	10 949	0	0	0	

国家大气研究中心的经费来源比较多样化。最主要的来源是政府资助，占总经费来源的 92%；此外还有部分商业收入和非营利组织的资助，各占 4% 左右；此外州政府也有少量资助，占比极少。

国家射电天文台的经费来源仍然以联邦政府资助为主，但是占比比大气研究中心略低，为 90%。主要是由于非营利组织对其资助比例较高，达到了 7%，这是 NSF 资助的五所国家实验室中非营利组织资助比例最高的一所。

国家光学天文台的经费来源构成比较简单，只有两部分：联邦政府投资及其他来源。其他来源占比为 15%，是五所实验中比例最高的。

国家天文观测台有高达 97% 的经费来自于联邦政府，剩下的 3% 为其他来源。

作为 NSF 支持列表中唯一一家软科学研究实验室，科学技术政策研究所所有的经费均来源于联邦政府。它主要负责国内外科学技术政策的分析，以及科学技术政策部门和其他国家机构的发展。

第三章　美国国家实验室运营管理机构的管理体制

美国国家实验室形式上采取联邦政府所有、承包商管理（GOCO）的模式。国家实验室的研发经费主要由联邦政府进行资助，但考虑到研发活动的灵活性，国家实验室的具体运营管理由承包商来负责，承包商一般包括大学、非营利组织和产业机构三类。2014 财年，美国共有 41 个国家实验室，其中由大学管理的为 14 个，非营利组织管理的为 20 个，产业机构管理的为 7 个①。非营利组织管理着美国基本一半的国家实验室，对运营管理国家实验室的非营利组织进行分析有利于更好地理解美国国家实验室的管理机制。本章以兰德公司和 MITRE 公司为例，分析美国国家实验室主要运营管理机构的管理体制。

第一节　兰德公司的管理体制

一、公司基本情况

兰德公司（RAND）的前身是兰德项目，于第二次世界大战结束后成立，旨在衔接军事计划与研发决策的组织。兰德这个名字源于研究与发展（research and development）这两个词的英文缩写。1948 年 5 月，兰德项目从加利福尼亚州圣莫妮卡的道格拉斯飞机公司剥离出来，在福特基金会的支持下成为一家独立的非营利性研究机构。经过几十年的发展，兰德公司发展成为一家致力于公共利益，解决公共政策问题的非营利性、无党派的研究机构。其目前负责运营管理的兰德阿罗约中心、兰德国防研究所、兰德空军项目 3 个国家实验室，均由美国国防部提供资助②。

1）使命及主要研究领域。兰德公司的使命是通过高质量和客观的研究与分析来改善政策和决策，协助美国政府，推进全球社区的安全、卫生与繁荣。兰德公司的研究重心在 20 世纪 60 年代发生了变化，由早期的国防领域拓展到太空、经济、社会、海外政治事务等多个学科领域（图 3-1）。目前，兰德公司每年开展上千个研究课题，但不涉及技术开发领域。

---

① 数据来源：National Science Foundation，National Center for Science and Engineering Statistics，在 2014 财年的 “FFRDC research and development survey”，根据资料整理。

② 数据来源于兰德公司网站，http：//www. rand. org/。

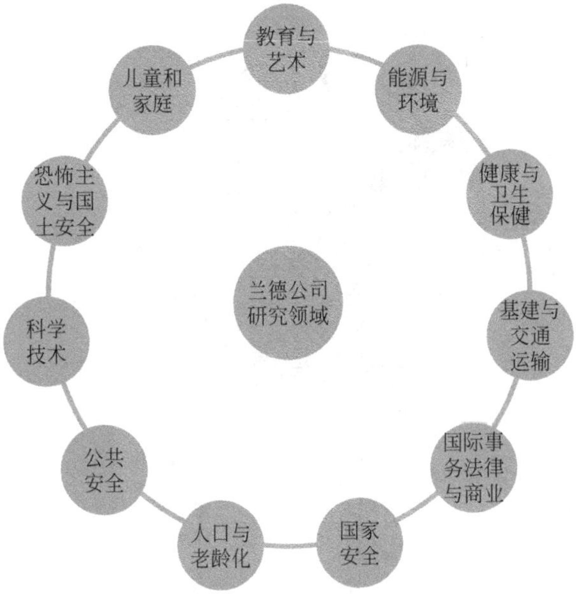

图 3-1　兰德公司研究领域

2）人员结构。2015 年兰德公司共有 1875 名员工。员工的专业、教育和文化背景具有多元化特点。兰德公司的员工来自于 53 个国家和地区，涉及 75 种语言，许多员工为双语人士，其工作语言包括阿拉伯语、汉语、波斯语、法语、德语、日语、韩语、俄语和西班牙语。兰德公司 57% 的人持有一个或多个博士学位，34% 的人持有一个或多个硕士学位（图 3-2）。兰德公司的博士涵盖广泛的学科门类，其中以社会科学、经济学、政策分析学、生命科学等为主（图 3-3）。

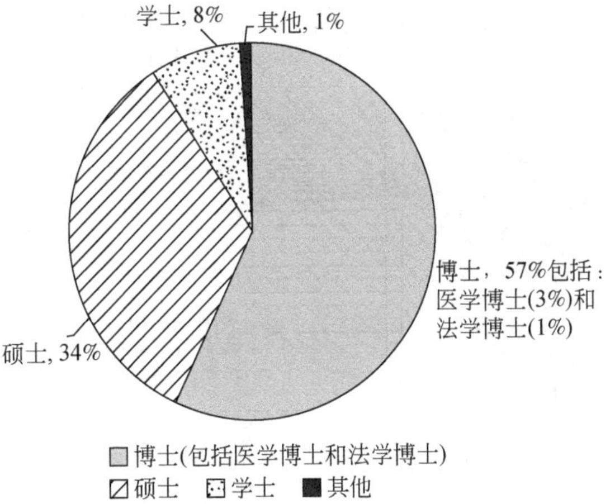

图 3-2　兰德公司员工学位结构

3）收入和支出结构。兰德公司的客户和资助机构包括政府机构、私营部门、基金会、慈善组织和国际组织等。其中政府机构是最主要的客户和资助单位。如图 3-4 所示，2015

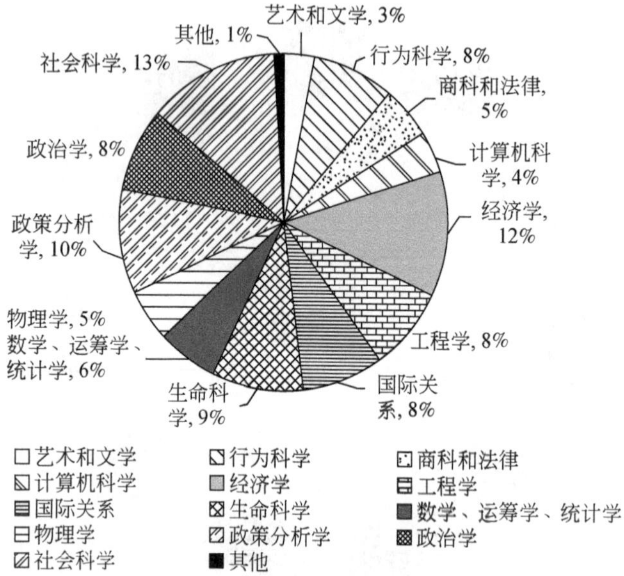

图 3-3　兰德公司博士学科门类

年兰德公司总收入为 2.93 亿美元，来自于美国国防部、美国卫生和公共服务部、其他联邦机构、州和地方政府部门的收入达 2.38 亿美元，占比为 81.18%。从联邦机构的角度来看，来自美国国防部（包括美国国防部长办公室和其他国家安全机构、美国陆军、美国空军）的收入为 1.56 亿美元，占比为 53.26%，其次来自于美国卫生和公共服务部及相关机构，收入为 0.61 亿美元，占比为 23.56%。

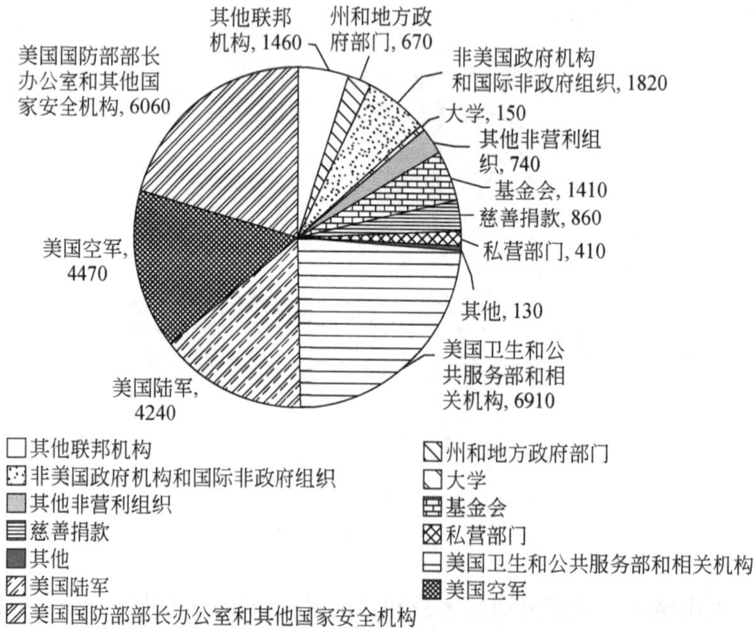

图 3-4　2015 年兰德公司收入结构（单位：万美元）

兰德公司的支出项目主要包括研究和分析、设备、员工发展、信息技术和其他管理、筹资费用等。从支出结构的角度来看，如图 3-5 所示，2015 年兰德公司总支出中，研究和分析项目占绝对优势（76%），其次为员工发展、信息技术和其他管理（15%），设备支出（8%）。

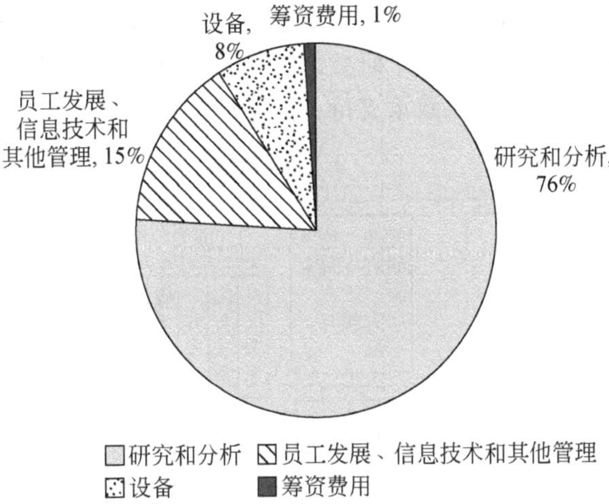

图 3-5　2015 年兰德公司支出结构

二、管理体系

兰德公司的组织架构围绕"通过研究与分析改善政策和决策"的公司使命展开，公司部门设置以"研究和分析"为核心，具有很强的国际化、现代化、公开化特点。如图 3-6 所示，公司部门主要分为两层，第一层为根据不同的业务模块设置的总体业务部门，包括负责公司决策的总裁办公室和总顾问办公室、负责人事和财务的人力资源部和财务行政部、负责公司核心业务的研究和分析部、负责处理国际业务的国际部、负责公共关系的外部事务部、负责教育和新兴政策研究的帕迪兰德研究生院和新型政策研究和方法部。其中，研究和分析部为核心部门，人力资源部、财务行政部、国际部、外部事务部等均为业务辅助部门。帕迪兰德研究生院是一个致力于培养下一代政策领袖、帮助兰德屹立于创新领域最前沿的部门，目前已发展成为世界领先的政策分析学博士孵化基地，同时也依靠慈善捐助开展了一些研究，以应对新出现的挑战以及长远问题。

公司部门的第二层是第一层部门的下属部门，分管具体的条块业务，体现了兰德公司是一家以联邦资助为主的国际化、现代化和公开化的机构的特点。外部事务部下属分别设有负责公司与国会、所在区域、媒体进行关系维护及对外宣传的部门，体现了兰德公司比较注重公共关系和社会影响力。兰德公司财务行政部下属部门的设置适应了公司广泛布局的需要，在华盛顿、匹兹堡等地均设有办公室，此外还设有面向整体的市场调研部门和应急准备部门。兰德公司国际化的特点在国际部体现得较为明显，分别下设欧洲办事处、澳大利亚办事处和国际计划办公室。

在兰德公司运营管理中，上述组织架构的各部门负责公司具体业务的执行，除此之外，兰德公司还有一个由 20 名业内专家组成的理事会，主要职责是为公司发展战略提供政策建议和咨询。

兰德公司的研究和分析部是公司的核心部门，下设研究计划办公室、全球研究人才、研究质量保证等多个部门，体现了兰德公司高度重视“研究质量”的特点。如图 3-6 所示，兰德公司的主要研究机构下设在研究计划办公室中，包括 3 个国家实验室和 3 个不属于国家实验室类别的研究部门，这 6 个研究部门均为研究和分析型的软科学实验室，主要从国家安全的角度为负责部门提供政策支持，但不涉及技术开发领域。

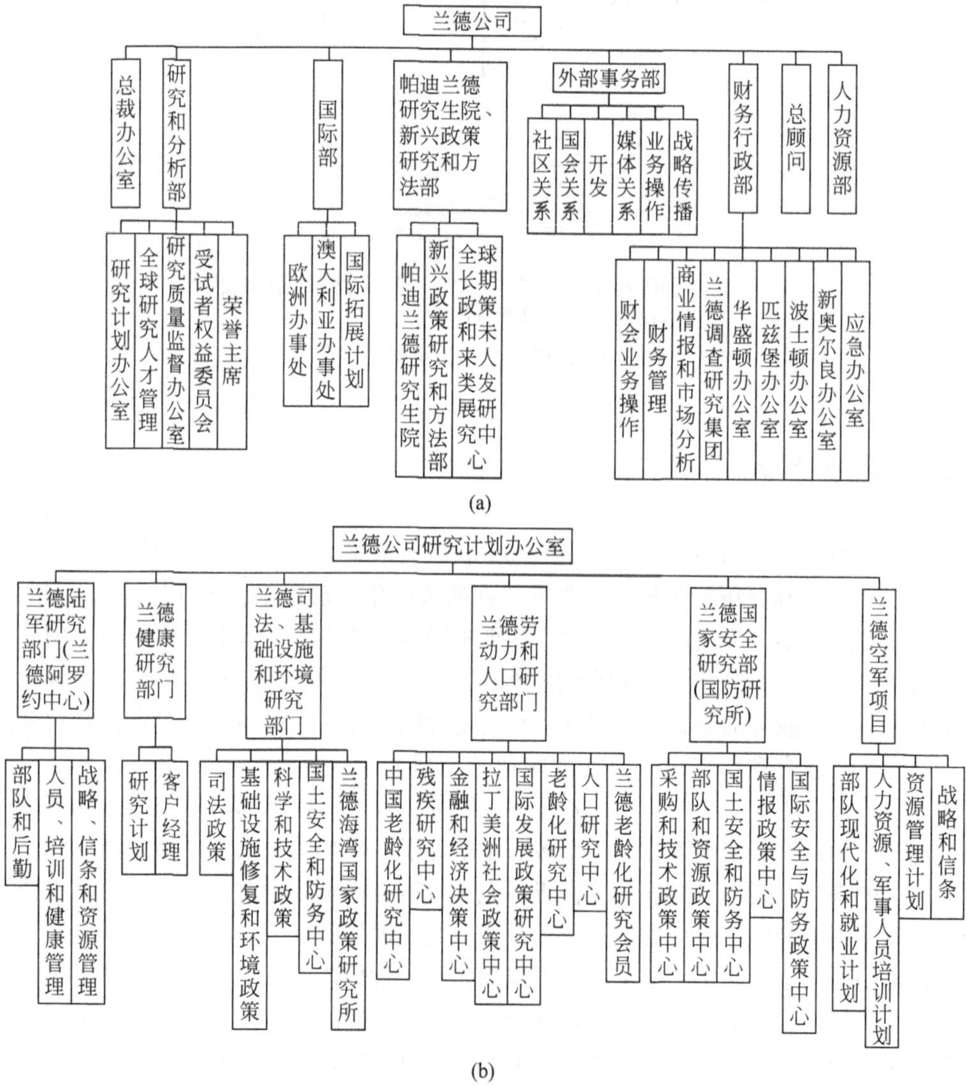

图 3-6　兰德公司组织框架图

兰德公司负责运营管理的 3 个国家实验室均由国防部资助，分别为兰德阿罗约中心、国防研究所和兰德空军项目。兰德阿罗约中心和兰德空军项目分别为美国陆军和美国空军开展研究和分析服务，其在具体研究领域设置上大体一致，包括战略资源管理、人员培训管理和军队信条等3个部分。国防研究所对国防部长办公室负责，其所展开的研究领域大体包括部队资源综合管理、采购和技术、国土安全、情报政策等。

兰德公司下属还有3个不属于国家实验室类别的研究部门，分别为兰德健康研究部门，兰德司法、基础设施和环境研究部门，兰德劳动力和人口研究部门。这3个研究部门主要是为了应对国际挑战而设立的。兰德健康研究部门主要研究医疗卫生领域的相关问题，兰德司法、基础设施和环境研究部门主要研究司法政策、基础设施恢复和环境政策、海湾国家政策等。兰德劳动力和人口研究部门的研究范围较为广泛，包括老龄化特别是中国老龄化、拉丁美洲社会政策、残疾人研究、金融和经济政策、人口研究等。

第二节　MITRE公司的管理体制

一、公司基本情况

MITRE公司是一家专门管理国家实验室的非营利组织，起源于第二次世界大战时期麻省理工学院（MIT）的计算机实验室。20世纪40～50年代初期，MIT的科学家开发了第一个大规模的数字计算机，即旋风计算机Ⅰ代。当时美国空军需要搭建一个框架来建设一个先进的防空系统，于是选择了旋风计算机Ⅰ代来承担任务。1958年7月，MITRE公司被正式授权为一家为联邦政府提供工程和技术指导的私人非营利组织，主要致力于于国防需求领域。后来，开发和改进旋风计算机Ⅰ代的实验室分部关闭了，其中大部分的研究人员加入了MITRE公司来支持美国空军的防空任务。MITRE公司自此开始在国防工程领域起步。公司成立之初半自动地面环境大陆防空系统（SAGE系统）的开发奠定了其在学科系统工程上的领先地位。经过几十年的发展，MITRE公司以军事和居民机构为主要客户，其卓越性和创新性赢得了国际声誉。目前，公司运营管理国家安全工程中心、高级航行系统开发中心、企业现代化中心、国土安全系统工程和发展研究所、司法工程和现代化中心、CMS现代医疗保健联盟、国家网络安全研发中心7个国家实验室，分别由不同的联邦资助机构进行资助①。

1）主要任务。MITRE公司的主要任务是通过管理国家实验室从而在科学研究和分析、开发和采办、系统工程和集成三方面协助美国政府。此外，MITRE公司也在探索新技术扩展应用方面开展独立研究项目，以解决资助者的相关挑战。

2）使命和主要研究领域。MITRE公司的使命是成为一家关注公共利益的公司，运用产业和学术的专业知识，推动和应用科学技术，实施系统工程，使政府和私人部门能够做出更好的决策和执行方案以应对具有国家和全球的复杂挑战。

MITRE公司的主要研究领域分为两类：一类是任务导向型研究领域，致力于资助单位

① 数据来源于MITRE公司网站，https：//www.mitre.org/。

当前和今后一段时期所面临的最大挑战；另一类是核心技术型研究领域，致力于探索具有革命性的新技术（图 3-7）。

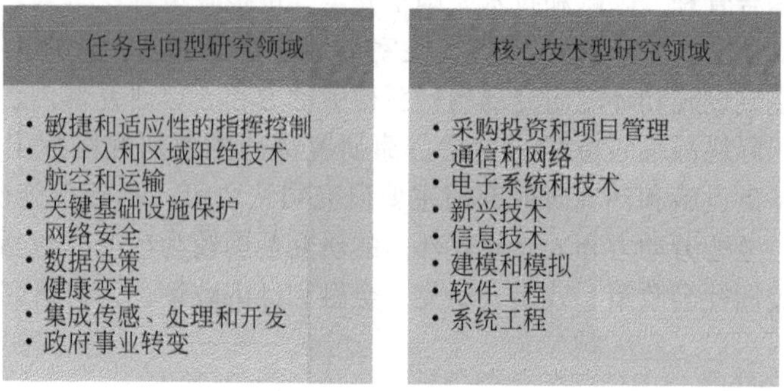

图 3-7　MITRE 公司的主要研究领域

3）人员和资产总数。如图 3-8 所示，2011 ~ 2015 年，MITRE 公司的总人数均维持在 7000 人以上，总人数由 2011 年的 7887 人逐年下降到 2013 年的 7190 人，之后逐渐增加至 2015 年的 7678 人，公司员工的增长和下降，反映了在工作计划中当前和预期的需求和变化。对比兰德公司，MITRE 公司由于研究领域多属于工程开发类，所以需要的人员较多。

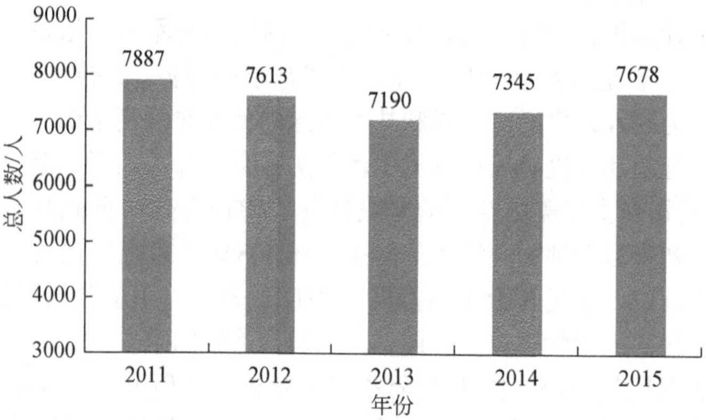

图 3-8　2011 ~ 2015 年 MITRE 公司总人数

如图 3-9 所示，2011 ~ 2015 年，MITRE 公司的总资产逐渐增加，由 2011 年的 5.58 亿美元增加到 2015 年的 7.88 亿美元。2014 ~ 2015 财年，MITRE 公司资产增加了 6300 万美元，这主要是由于收入的增加以及建设工程相关的财产、工厂、设备等的增加产生了较多应收账款。MITRE 公司的营运收入从 2014 财年的 13.65 亿美元增长到 2015 财年的 14.84 亿美元，增长了 8.7%，其中根据美国《2014 年退伍军人访问、选择和责任法案》，MITRE 公司为美国退伍军人事务署开展医疗卫生系统的独立评估服务是其收入同比增长的主要原因。此外，收入也在很大程度上受美国国防部以及美国卫生和人力资源服务部相关工作增加的影响。

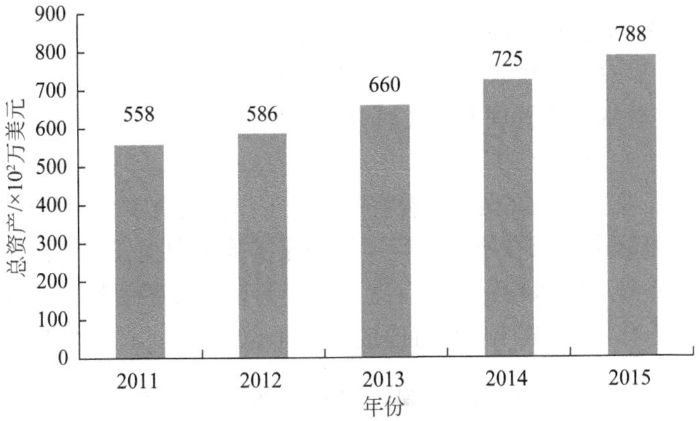

图 3-9　2011～2015 年 MITRE 公司总资产

二、管理体系

MITRE 公司整个管理体系可分为两层：一层是领导层，另一层是具体的国家实验室（图 3-10）。MITRE 公司领导层在技术、商业和公共服务等方面拥有多元的背景，通过运用自身高水平的技术知识，高效地管理政府投资，以应对政府面临的挑战并顺利完成任务。如图 3-10 所示，MITRE 公司领导层由三部分组成，即执行团队、理事会和研究会会员。执行团队的职责是通过发挥自身技能和判断，制定公司的工作方案并引导员工的各项工作。理事会的职责是制定公司管理政策。研究会会员的职责是发挥有价值的观点和专业知识，在关键技术问题上向公司的理事会和管理团队提供建议。MITRE 公司运营管理着 7 个国家实验室，分别由 8 个不同的联邦机构进行资助，其中企业现代化中心由美国国税局和退伍军人事务署共同资助，7 个国家实验室分别属于安全工程、航空系统、企业现代化、司法、医疗、网络安全等不同的领域，这是 MITRE 公司管理体系的一大特点。

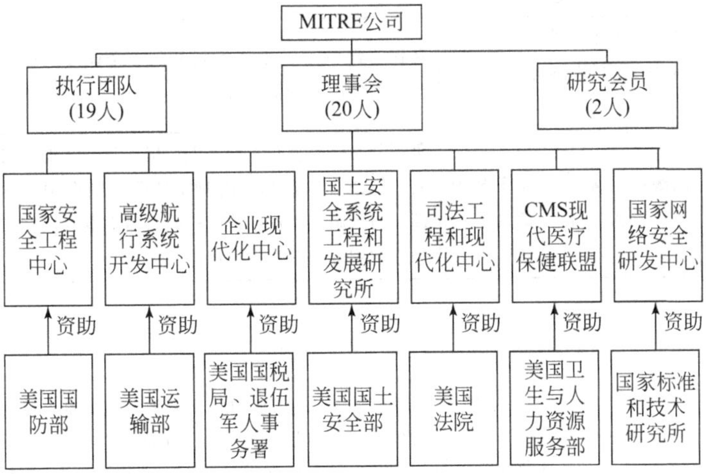

图 3-10　MITRE 公司的治理体系

下面通过分析 MITRE 公司领导层来了解其管理体系。

1）执行团队。MITRE 公司的执行团队共有 19 人，其中 1 名总裁兼首席执行官，18 名负责各项公司业务的副总裁。由表 3-1 可见，MITRE 公司的执行团队中有 11 名副总裁，由其所运营管理国家实验室中的管理人员或研究人员担任，其中来自国家安全中心的为 6 人，除司法工程和现代化中心无人在执行团队中外，其余 5 个国家实验室分别有 1 人在执行团队中。这 11 名管理人员既负责所在国家实验室的相关工作，又负责公司整体的相关业务工作。MITRE 公司的执行团队中，未在所运营管理的国家实验室中担任职务的有 8 人，分别为总裁兼首席执行官、公司总顾问兼秘书、首席人力资源官、首席信息官、首席财务官、首席技术官 6 人，另外还有负责 MITRE 政府连接中心①（CCG）的两名管理人员。

表 3-1　MITRE 公司执行团队具体职务和主要工作

姓名	职务	主要工作	所属 FFRDCs
Mr. Alfred Grasso	总裁、首席执行官	负责公司运营管理的所有国家实验室的总体战略制定，开拓和领导公司业务	—
Ms. Julie Bowen	副总裁、总顾问、公司秘书	带领公司内部法律团队，为管理层提供法律事务建议，同时监督公司的政府关系部门，确保其符合法律法规及公司的相关政策	—
Ms. Julie Gravallese	副总裁、公司首席人力资源官	负责公司在世界范围内 60 多个实验室设施员工的人力资源战略规划和发展方向	—
Mr. Joel Jacobs	副总裁、公司首席信息官	负责先进信息技术服务、基础设施运营和信息技术的创新使用，主持信息和技术中心的工作，为公司提供综合信息技术、通信、知识管理、企业技术计算和全球安全服务	—
Mr. Mark Kontos	高级副总裁、首席财务官、财务主管	确保公司的财务实力，维持公司作为国家实验室杰出管理者的领导地位	—
Dr. Jay Schnitzer	副总裁、首席技术官	主持机构的独立研发计划，监督公司技术发展战略	—
Dr. Jason Providakes	高级副总裁、MITRE 连接政府中心（CCG）的总经理	负责监管 CCG 的联邦民间战略关系和客户契约	—
Mr. Richard Byrne	高级副总裁、负责连接政府中心方案制定和技术开发	负责监管 CCG 的工作计划部门、企业技术中心和劳动力发展的相关业务	—
Dr. Stephen huffman	高级副总裁、国家安全中心*（CNS）的总经理	负责公司研究、开发和先进情报信息系统的战略方向。担任 CNS 经理，同时担任国家安全中心的经理，与国防部负责系统工程同时负责监督国家安全中心的副部长助理进行接洽	国家安全工程中心

① MITRE 政府连接中心（CCG）是公司的一个重要部门，其下属包括 4 家国家实验室，分别为企业现代化中心（The Center for Enterprise Modernization）、国土安全系统工程和发展研究所（Homeland Security Systems Engineering and Development Institute）、司法工程和现代化中心（Judiciary Engineering and Modernization Center）、CMS 现代医疗保健联盟（CMS Alliance to Modernize Healthcare）。

续表

姓名	职务	主要工作	所属 FFRDCs
Dr. Greg Crawford	副总裁、国家安全工程中心联合和服务组合负责人	将国防和情报工作放在首位，安排公司的相关研究工作计划	国家安全工程中心
Dr. William LaPlante	副总裁、国家安全中心智力投资组合负责人	负责制定一些支持国家情报界的核心策略	国家安全工程中心
Ms. Sarah MacConduibh	副总裁、国家安全工程中心空军投资组合负责人	负责监督公司空军投资组合计划（AFP）（该计划有大约 1000 名技术员工）的开发和执行，解决美国空军的命令和控制、通信、情报、监管和侦察，网络和信息运行，以及信息技术等关键问题。AFP 工作计划对美国空军部长办公室和空军总部的一些机构进行支持，这些机构包括采购中心、主要司令部和作战单元	国家安全工程中心
Mr. Peter Sherlock	高级副总裁、国家安全中心的方案和技术负责人、MITRE 公司 Bedford 业务操作主管	负责监督国家安全中心工作计划的成功执行，确保交付高质量的工作和产品。同时负责 MITRE 公司的技术质量，并匹配员工技能来确保项目集成，以解决资助单位的一些跨学科的挑战和主要问题	国家安全工程中心
Mr. John A. Wilson	副总裁、国家安全中心的方案和技术负责人	应用自身在软件工程、嵌入式系统和信息技术方面的领导能力，负责优化 CNS 的计划部门和技术中心	国家安全工程中心
Mr. James Cook	副总裁、企业现代化中心的主任	主持 MITRE 公司承担的有关国家税务局、退伍军人事务署及包括美国人口普查局在内的其他国内政府机构的现代化工作	企业现代化中心
Mr. Rob Jensen	副总裁、CMS 医疗现代化和发展中心的主任	致力于可持续的提高医疗服务的范围和质量，推动集成的医疗服务系统。与其他医疗部门领导一起推动全面的医疗战略、先进的医疗改革和设施研究，并最终提供突破性的解决方案，以应对复杂挑战	CMS 现代医疗保健联盟
Mr. John M. Kreger	副总裁、国土安全系统工程和发展研究所主任	负责研究所的发展战略方向，监督业务运营和资源管理。国土安全系统工程和发展研究所为美国国土安全部提供系统工程和技术知识，以支持其采购战略，并提高保障国家安全的能力	国土安全系统工程和发展研究所
Dr. Mark Maybury	副总裁、首席安全官、国家网络安全研发中心主任	负责管理公司总体的网络安全战略，包括拓展和合作，此外负责匹配和发展战略资源以构建公司下一代网络安全格局	国家网络安全研发中心
Ms. Lillian Zarrelli Ryals	高级副总裁、高级航行系统开发中心主任	负责高级航行系统开发中心的总体战略规划、资助者和股东保证以及工作计划监管。高级航行系统开发中心主要工作是应对美国联邦航空管理局和国际民用航空管理机构有关航空系统关键能力、效率和安全等方面的需要	高级航行系统开发中心

注：参考 MITRE 公司网站，网址为 https：//www. mitre. org/。

＊国家安全中心包括国家安全工程中心。

2）理事会。MITRE 公司的理事会相当于机构的政策咨询委员会。如下表所示，当前 MITRE 公司的理事会成员共有 20 人，大多为已退休人员。理事会成员受聘的时间在 1993～2015 年各不相同，理事会的人数规模较为稳定，只有当理事会中有成员去世或因其他原因退出理事会时，才会增补新成员。从曾任职务来看，理事会成员均在各自实务或研究领域取得过卓越的成就，现任理事会成员的曾任职务包括美国国防部副部长、运输部部长、美国参议院、州长、军队司令员、跨国企业高层、情报系统高层、金融机构高层等（表 3-2）。

表 3-2　MITRE 公司理事会成员的任职及曾任职务

姓名	理事会任职及曾任职务
Mr. Charles S. Robb	理事会主席；乔治梅森大学法学院法律和公共政策专业的特聘教授（曾任职务：美国参议员；弗吉尼亚州州长）
Dr. Donald M. Kerr	理事会副主席（曾任职务：国家情报首席副总监；国家监察局局长；中央情报局负责科学和技术的副主任）
Dr. George CampbellJr.	自 2011 年成为理事会成员（曾任职务：库珀科学与艺术推进联盟总裁；国际电信联盟的美国代表）
Mr. Nicholas M. Donofrio	自 2010 年成为理事会成员（曾任职务：IBM 负责创新和技术的执行副总裁）
Mr. Robert R. Everett	自 1993 年成为理事会荣誉成员（曾任职务：MITRE 公司总裁）
Ms. Michèle Flournoy	自 2012 年成为理事会成员；新美国安全中心的联合创始人、波士顿咨询集团高级顾问（曾任职务：战略和国际问题研究中心的高级顾问）
Mr. David G. Fubini	自 2014 年成为理事会成员；哈佛商学院高级讲师；麦肯锡公司荣誉主任
Ms. Jane F. Garvey	自 2004 年成为理事会成员；Meridiam 基础设施公司的北美主席（曾任职务：技术设施咨询集团摩根大通证券的执行董事；联邦航空管理局行政官；联邦公路管理局代理署长）
Admiral Edmund P. Giambastiani, Jr., USN (Ret.)	自 2008 年成为理事会成员（曾任职务：参谋长联席会议第七届副主席；北约盟军最高司令员；美国联合部队司令部指挥官）
Mr. Alfred Grasso	自 2006 年成为理事会成员；MITRE 公司首席执行官
Mr. George C. Halvorson	自 2014 年成为理事会成员（曾任职务：凯撒医疗机构的董事长兼首席执行官）
Dr. John J. Hamre	自 2000 年成为理事会成员；战略和国际问题研究中心总裁兼首席执行官（曾任职务：国防部副部长）
General C. Robert Kehler, USAF (Ret.)	自 2014 年成为理事会成员（曾任职务：美国战略司令部司令员；空军太空司令部司令员）
Mr. Cleve L. Killingsworth	自 2008 年成为理事会成员（曾任职务：马萨诸塞州蓝十字蓝盾公司的总裁兼首席执行官；健康联盟计划的总裁兼首席执行官）
General Robert T. Marsh, USAF (Ret.)	自 1988 年成为理事会荣誉成员（曾任职务：空军援助协会执行董事；空军系统司令部司令员）
General Montgomery C. Meigs, USA (Ret.)	自 2008 年成为理事会成员；德克萨斯大学公共事务学院客座教授（曾任职务：服务国家安全的商业主管机构的总裁兼首席执行官；国防部部长办公室 IED 联合防御组织主任）

续表

姓名	理事会任职及曾任职务
Dean Elizabeth Rindskopf Parker	自2013年成为理事会成员；太平洋大学麦克乔治法学院荣誉退休院长（曾任职务：国家安全局总顾问；美国国务院首席副法律顾问；中央情报局总顾问）
Ms. Mary Schapiro	自2015年成为理事会成员；海岬金融集团顾问委员会副主席（曾任职务：美国证券交易委员会主席；美国期货交易委员会主席；美国证券交易商协会主席兼首席执行官）
Mr. Rodney E. Slater	自2015年成为理事会成员；巴顿博格斯公司合伙人（曾任职务：美国运输部部长；联邦公路管理局主任）
Mr. John P. Stenbit	自2005年成为理事会成员（曾任职务：负责指挥、控制、通信和情报的美国国防部部长助理；TRW公司执行副总裁）

注：参考MITRE公司网站，网址为https：//www.mitre.org/。

3）研究会会员。MITRE公司对研究会会员的聘任要求很高，研究会会员需要在一个或多个技术领域做出过重大贡献。当前MITRE公司有两名研究会会员，分别是GPS领域和信号处理领域的顶级专家。自公司1991年设立这个职位以来，只任命了9名研究会会员。

第三节　本章小结

在美国国家实验室的管理模式中包括国家实验室、资助单位、运营管理机构三个主体。有的运营管理机构其运营管理的国家实验室均由一个资助单位进行资助（兰德公司），有的由多个资助单位进行资助（MITRE公司），在不同领域的国家实验室的运营管理机构内形成了一种共享知识的文化（MITRE公司）。

从运营管理机构部门设置的角度来看，国家实验室的运营管理机构作为非营利性质的公司，机构的部门设置以公司使命为原则，以“研究和分析”为核心，具有突出的国际化、现代化、公开化特点。部门设置基于条块业务，单独设置公司总裁办公室、顾问办公室、人力资源部门、财务部门、公关部门、与国家实验室研发领域相关的管理部门以及技术转让和推广部门等。

从运营管理机构领导层组建的角度，国家实验室运营管理机构的领导层一般由执行团队、理事会、研究会会员构成。除总裁、秘书、人事、财务等职务外，执行团队中的成员大多来自国家实验室的高层管理人员，同时承担执行团队和国家实验室的相关业务。理事会相当于政策咨询委员会，成员大多由从实务或研究领域高层管理岗位上退休的人员构成，负责机构的管理和政策方向。研究会会员是一群经过严格选拔的专业领域的顶级研究员，负责在专业领域内向公司管理层提供咨询服务。

我国在建设国家实验室的过程中，也可以考虑采取资助和运营管理分离的方式，由部委或其他机构进行资助，由专门机构负责运营管理。在组建运营管理机构时，应注重共享文化的培养，可以是由一家单位资助的国家实验室，也可以是由多家单位资助的国家实验室。运营管理机构的部门设置要以核心任务为中心，参考现代企业的部门设置，突出国家化、现代化和公开化。

第四章 美国国家实验室的人事管理制度和人才队伍建设

第一节 国家实验室人事管理制度特征

从国家实验室的外部管理来看，美国政府对国家实验室的管理模式主要有三种类型，一是GOGO（government-owned and government-opera），即政府所有、政府运营。实验室的研究设施通常为联邦政府所有，研究人员和管理者为政府雇员，这种类型的国家实验室一般规模较小，研究领域相对单一。二是GOCO（government-owned and contractor-operated），即政府所有、合同管理，国家实验室的设施由联邦政府所有或租用，政府通过合同的方式委托大学、私营企业或非营利机构等负责实验室的具体管理。目前，美国一些重要的国家实验室大多采用这种管理形式。三是COCO（contractor-owned and contractor-operated），即民间所有、合同管理，政府提供资助，与大学、私营企业或非营利机构等联合建立实验室，并通过合同的方式对国家实验室进行管理（图4-1）。

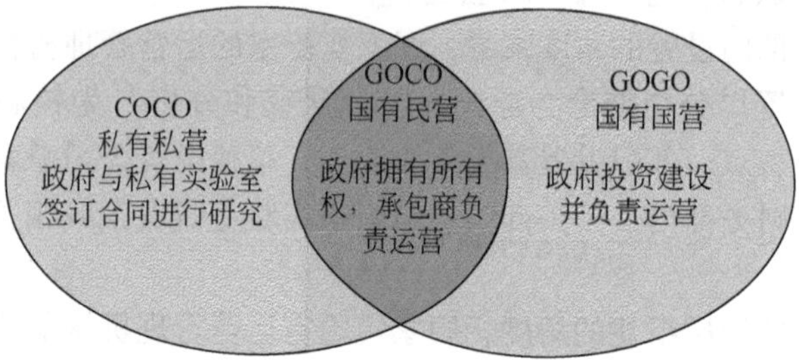

图4-1 美国政府对国家实验室的三种管理模式

一、国家实验室人员的管理模式特征

1. 管理制度多元

美国国家实验室在管理模式上的多样性，决定了人事管理制度的多元性（张义芳，2007）。国有国营和国有民营型国家实验室的在人事管理模式方面有很大差别。对于国有国营实验室，其联邦雇员人事管理有两种模式：一是公务员制度，二是任职年限制。而对于国有民营实验室，人事制度根据受托方的管理办法进行管理（图4-2）。

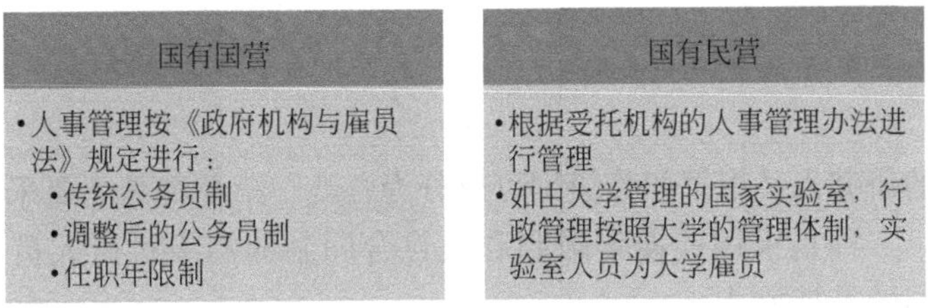

图 4-2　不同管理模式的国家实验室的人事管理制度特点

2. 合同制管理为主

在人员管理上，美国国家实验室多采用合同制管理，所以实验室的科研人员流动性很高。实验室因需要开展大项目，常常临时组建大的团队进行攻关，项目结束后，团队自行解散，科研人员各自寻找新的岗位。国家实验室一般都实行质量保障计划，建立专门的机构，对实验室研究所涉及的环境、安全和健康问题进行严格管理。如劳伦斯伯克利国家实验室实施“运行与保障计划”，通过以结果为导向的管理系统确保工作项目有效、安全地完成。

国家实验室主任的聘用由主管部门在全国范围内选聘，任期由主管部门依据法律和绩效决定，委托其他机构管理的实验室，主任人选由托管机构选聘，报相关部门进行备案。多数国家实验室采用任职年限（tenure track）制度。例如，美国国立卫生研究院（NIH）采用 5 年-3 年-3 年共 11 年的连续评议淘汰机制，大约只有 5% 的人能最终获得成为固定科研人员的资格。科研人员在完成本职工作情况下，可以利用业余时间兼职并获取合理报酬，但不得侵犯本单位的技术权益和经济权益（杨少飞和许为民，2005）。

二、国家实验室人员构成

1）依照人事关系划分。美国联邦实验室的人员构成大体分为以下三类，另外也包括合作研究者和学生（图 4-3）。

图 4-3　美国联邦实验室人员大体构成

2）依照工作类型结构划分。美国国家实验室的人员可以分为管理人员、科研人员、技术人员以及其他。其中，科研人员又可以划分为一般科研人员、高级科研人员和博士后（图 4-4）。

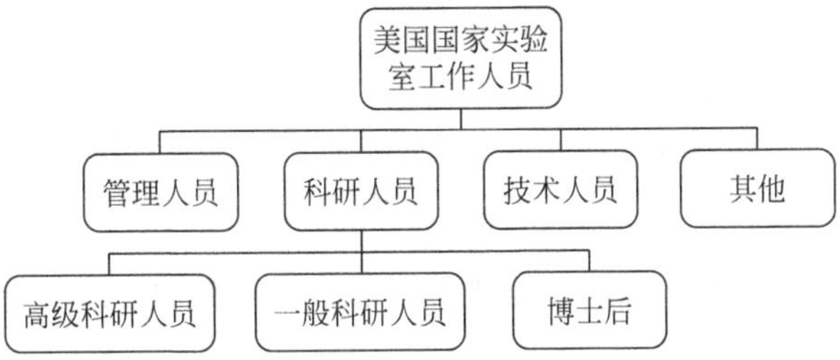

图 4-4　美国国家实验室工作人员类型结构划分

（一）职称和职位结构设计

国家实验室的研究人员根据职称级别可以分为三类。第一种是主要采用期限聘任制的一般科研人员，第二种是采用任期年限制和项目合同制的高级科研人员，第三种是博士后。三者采用不同的管理方式。

1. 一般科研人员

一般科研人员的管理方式如下，限期聘用制，公开招聘，签订合同；享受合同规定的工资和社会福利等；在任期内表现突出，可聘为长期聘用人员（如 NIH）。

2. 高级科研人员

高级科研人员的管理方式分为任期年限制和项目合同制。

1）任期年限制（NIH）。①获得终身职位前，存在任职年限序列，具有较强的竞争。②获得终身职位后，按照国家公务员的制度进行人事管理。③薪酬：可实施市场定价，灵活性较大。

2）项目合同制（DOE 下属实验室）。①围绕具体项目聘用人员，可能随着项目结题离开。②薪酬：固定工资+浮动工资。③一般而言，项目合同制的工资高于同级别公务员工资，通过严格的绩效评价来确定是否继续续签。

3. 博士后

博士后是美国国家实验室主要的研究人员之一。根据 2007 年 NSF 的调查显示，NSF 主名单中 22 个国家实验室，一共雇佣了 2235 位博士后，共有 2030 人（约占 90%）得到联邦政府的支持。值得注意的是，其中 1336 位（约占 60%）博士后所持有的是临时签证①。

2014 财年，NSF 高等教育研究和发展中心对美国高等教育机构的研发支出进行了调查，样本为从事研究的 895 家机构（图 4-5）。该调查中，将国家实验室分为学校管理的国家实验室、非营利机构管理的国家实验室和产业管理的国家实验室。其中，学校管理的国家实验室的博士后人数最多，2012 年和 2013 年均超过 1200 人。产业管理的国家实验室博士后人数次之，非营利机构管理的国家实验室人数最少。

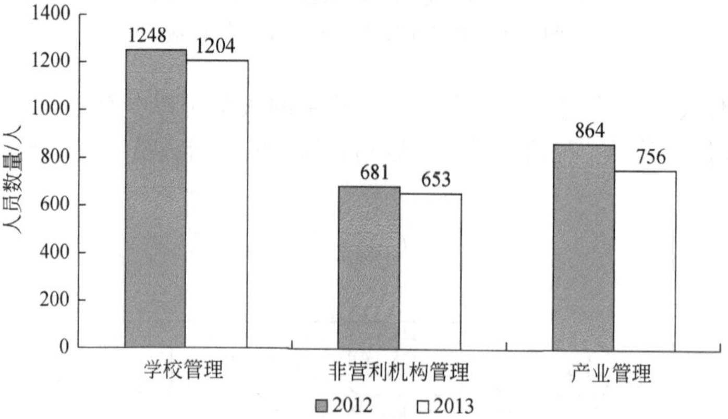

图 4-5　2012～2013 年各类国家实验室在站博士后人员数量

① 参考 2014 年的 Science and Engineering Indicator 中的第 3 章，science and engrineering labor force.

在学校管理的国家实验室中，劳伦斯伯克利国家实验室的博士后最多，其次为阿贡国家实验室和喷气推进实验室。整体来看，除了喷气推进实验室以外，2013 年的博士后人数要比 2012 年更少，这和国家实验室资助整体状况有一定的联系（图 4-6）。

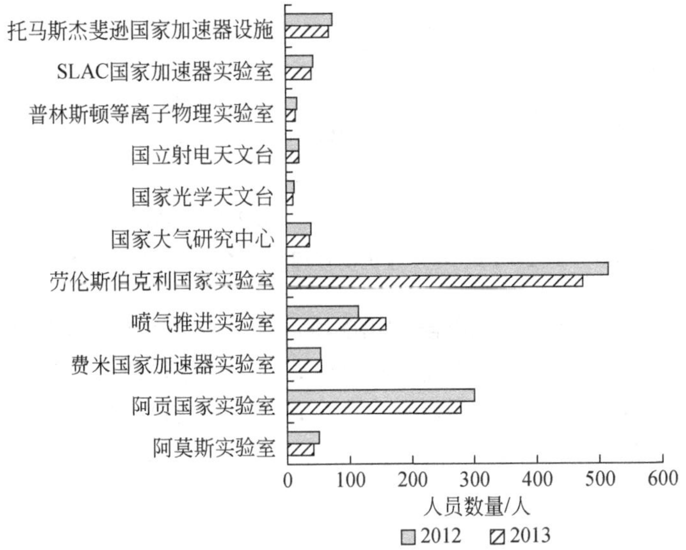

图 4-6　2012～2013 年大学管理的实验室博士后人员数量

在非盈利机构管理的国家实验室中，橡树岭国家实验室博士后人数最多。从 2012 年和 2013 年的数据来看，除布鲁克海文国家实验室人数有所下降以外，其他实验室基本保持不变（图 4-7）。

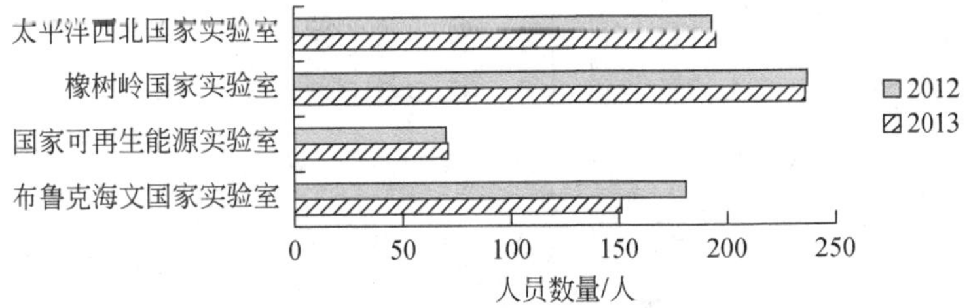

图 4-7　2012～2013 年非营利机构管理的实验室博士后人员数量

在产业机构管理的国家实验室中，洛斯阿拉莫斯国家实验室的博士后人数最多。2012～2013 年，实验室人数都呈缩减的趋势（图 4-8）。

（二）人才招聘与培养

能源部在国家实验室的资金投入比例最大，因此其实验室的管理和经营也有一定的代表性。能源部下属的国家实验室在人才的招聘和留用上，采用的是实验室主导的研究和开发项目（laboratory directed research and development，LDRD）。LDRD 是实验室负责人唯一

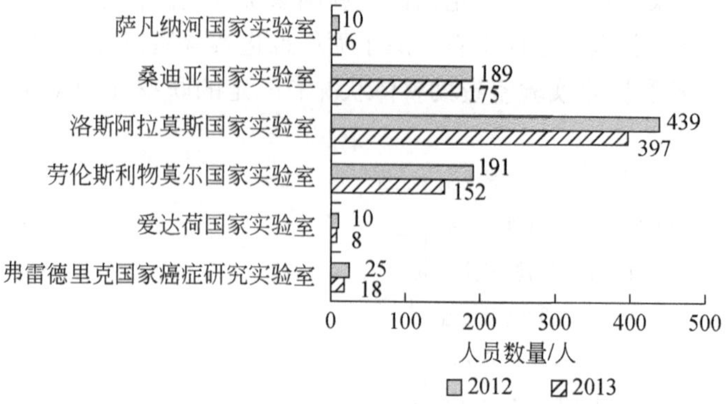

图 4-8　2012～2013 年产业机构管理的实验室博士后人员数量

的可自主支配资金的研发活动，现阶段 LDRD 项目支出占实验室总支出的 6%。该项目的主要受益人是作为实验室研究主力的博士后群体。为了促进科研的发展，能源部下属的国家实验室采用 LDRD 项目，通过竞争性招标、项目资助和项目成果奖励等措施，保障科研人员开展独立性研究（图 4-9）。

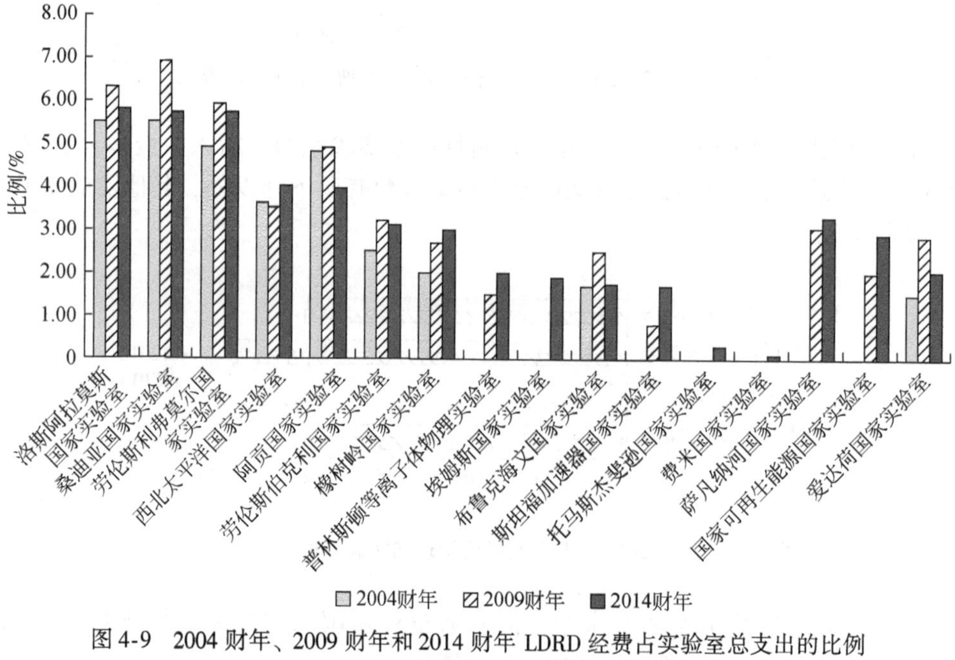

图 4-9　2004 财年、2009 财年和 2014 财年 LDRD 经费占实验室总支出的比例

注：参考 Securing America's future: realizing the potential of the department of energy's national laboratories, Final report of the commission to review the effectiveness of the national energy laboratories。

1. LDRD 的主要目标与成果

为了更好地履行国家实验室的使命，留住高质量的员工，国家实验室必须有能力投资人才建设和核心能力建设，不断发现和投入新的研究领域。为了完成这些目标，能源部下属的国家实验室实行了实验室主导的研究和开发项目，即 LDRD。LDRD 是实验室负责人唯一的可自主支配资金的研发活动。LDRD 最初是在 1954 年的《原子能法案》（Atomic Energy Act of 1954）获得通过，其支持研究者启动具有创新和战略性的研究工作，并在 1991 年以制度的形式确定下来。LDRD 项目主要是为实验室解决重大技术领域的挑战提供种子基金，吸引和留住人才，以促进国家实验室更好地完成能源部的任务。

LDRD 启动之后成绩瞩目。许多国家实验室依靠 LDRD 提供的种子基金启动科研项目，获得了科研和经济上的双重回报。以劳伦斯伯克利国家实验室为例，实验室利用 LDRD 提供的 484 000 美元建立了技术基础，帮助实验室及其合作伙伴获得了总值为 2.5 亿美元的项目，即能源部生物能源联合研究所计划。此外，英国石油能源生物科学研究所还就此项目与实验室签订了价值 5 亿美元的合约。由此可以看出，LDRD 提供的种子基金是实验室启动项目的重要资金来源，其所带来的经济效益较为巨大。

2. LDRD 的资金投入

能源部下属的国家实验室每年要求一定经费作为 LDRD 费用。如图 4-10 和图 4-11 所示，在能源部系统中，根据不同的规模和任务，国家实验室的 LDRD 经费水平相差较大。国家核安全局下属的三个国家实验室，桑迪亚、洛斯阿拉莫斯和劳伦斯利弗莫尔国家实验室在 LDRD 上的经费投入一般数额较大，占总支出的比例也较大，反映出这三个国家实验室更倚重 LDRD 项目。因为在国家核安全局体系内，这三个国家实验室在国防和防止核武器扩散项目上，其研究者缺乏自主独立研究的机会。但是独立研究对于科学工作人员尤为重要，因此实验室利用 LDRD 项目，为其提供较为独立和自主的研究机会。在 LDRD 项目中，实验室可以雇佣还未接受忠诚调查的人员。忠诚调查是对参加机密工作人员等进行的调查，通常在被雇佣前的至少一年进行。所以，在诸如国家核安全局下属的国家实验室，这类涉及较多机密的实验室中，还未接受忠诚调查的人员有机会利用 LDRD 项目开展科研活动。对于国家核安全局以外的机构，其下属的国家实验室在人员招聘和留用上，对 LDRD 项目依赖相对较小，因为这些实验室可以依靠其项目等吸引优秀人才。

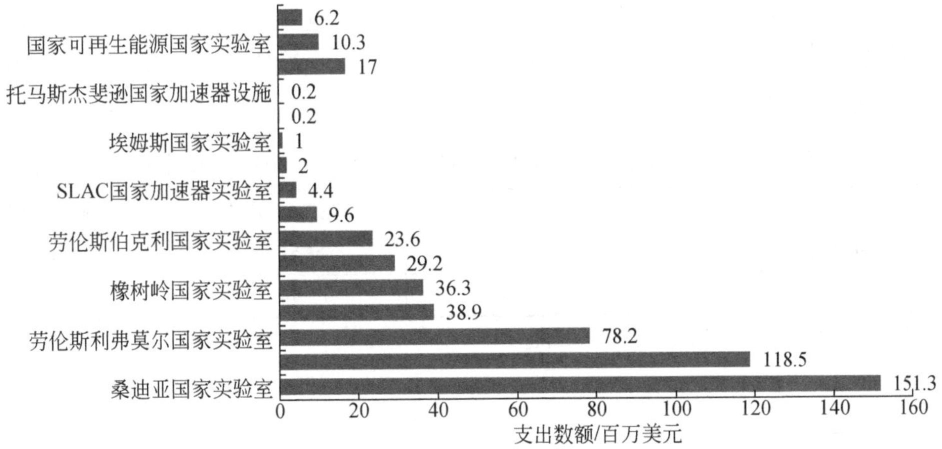

图 4-10　典型实验室在 LDRD 上的支出金额

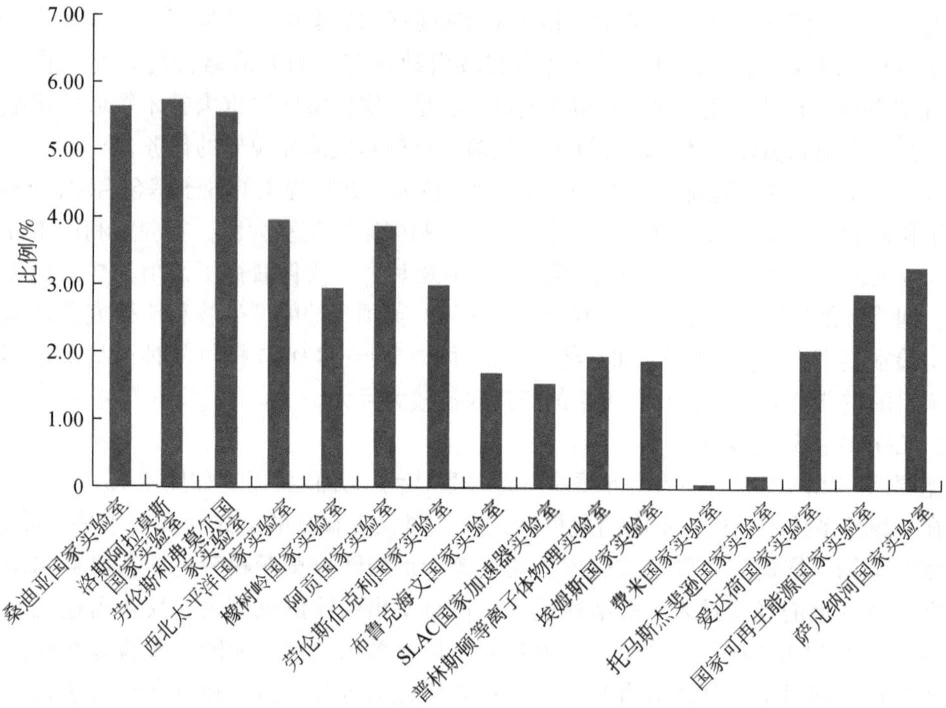

图 4-11　LDRD 支出占各国家实验室总支出的比例

注：以上二图数据来源于能源部 2014 财政年 LDRD 对国会的报告①。

3. LDRD 与博士后队伍建设

LDRD 项目为国家实验室招募高质量的人才提供了物质保障，使实验室在开展与其他学术机构或工业企业的人才竞争上更有优势。同时，LDRD 项目为研究人员提供了较广阔的视野，促进研究人员与其同行更广泛地交流，使其接触到更多的新思想，防止研究人员所进行的研究与前沿脱节。除了资助研发外，LDRD 项目也支持实验室招聘和留用合适的员工，特别是博士后。国家核安全局下属国家实验室的重要科研力量之一就是博士后，LDRD 项目所支持的博士后占博士后总人数的一半以上，并且其中至少有一半的人员最后转成了全职员工（表 4-1）。

表 4-1　NNSA 管理的国家实验室的 LDRD 招聘/留用人员的指标（2008～2012 财年）（单位:%）

项目	桑迪亚	劳伦斯利弗莫尔	洛斯阿拉莫斯
LDRD 支持的博士后	56	51	59
LDRD 支持博士后转为全职员工	77	74	49

注：劳伦斯利弗莫尔的数据由国家核安全局提供。

① 数据来源 Securing America's future: realizing the potential of the department of energy's national laboratories, Final report of the commission to review the effectiveness of the national energy laboratories, volume 2: technical chapteres and appendices。

非国家核安全局下属的国家实验室也会通过 LDRD 招聘员工。许多刚开始从事研究的职工也将能否通过 LDRD 参与研究，作为他们决定是否留在实验室工作的重要因素。2013 财年，国家实验室博士后总人数为 3471 人，LDRD 项目支持的博士后人数为 962 人。其中，非国家核安全局下属的国家实验室中博士后总人数为 2412 人，LDRD 项目支持的博士后人数为 411 人，约占 17%。另外，科学办公室下属的国家实验室的 LDRD 项目，通过为博士后提供奖学金、发展与大学的合作伙伴关系，以及招聘关键领域人才等发展实验室的人才队伍。

表 4-2　各个国家实验室博士后人员数目和支持方式情况

国家实验室	博士后人数/人	LDRD 支持的博士后人数/人	LDRD 支持的博士后所占比例/%
萨凡纳河国家实验室	11	7	64
洛斯阿拉莫斯国家实验室	602	343	57
爱达荷国家实验室	13	6	46
劳伦斯利弗莫尔国家实验室	241	111	46
桑迪亚国家实验室	216	97	45
国家可再生能源实验室	103	30	29
西北太平洋国家实验室	265	69	26
阿贡国家实验室	404	101	25
布鲁克海文国家实验室	169	27	16
劳伦斯伯克利国家实验室	677	88	13
橡树岭国家实验室	567	68	12
普林斯顿等离子体物理国家实验室	20	2	10
SLAC 国家加速器实验室	133	12	9
埃姆斯国家实验室	50	1	2

注：2013 财年费米和 NETL 未支持 LDRD 项目。数据来源于 DOE office of science（SC）。

三、薪酬激励体系

科研人员的工资标准主要根据学科的市场年薪水平、科研人员的水平、学校或科研单位的科研水平来确定，而非仅按级别统一划定。美国政府对科研人员报酬制度提出了四点基本要求：按其成果率支付科研劳动报酬；刺激科研人员提高工作效率；对取得高水平成果的科研人员，不论其职务和学位、年龄和工龄，一律给予特殊奖励；促使成果率低的工作人员在实验室更好地发挥作用。

国家实验室主要采取两种人事制度，即任职年限制和项目合同制。任职年限制在薪酬上实施市场定价，灵活性较大，此薪酬体系以美国国立卫生研究院为代表。项目合同制采用“固定工资+浮动工资”的薪酬制度，通过绩效评估来确定是否续签合同，此薪酬体系以能源部下属的国家实验室为代表。一般而言，项目合同制的工资高于同级别的公务员工资。

1. 国有国营型国家实验室（GOGO）——联邦公务员薪酬体系

国有国营型国家实验室的管理模式有两种。第一，公务员制，其人事管理按照《政府雇员法》的规定进行，采用公务员的薪酬体系，另外在此基础上，实施绩效薪酬。第二，任期年限制，以美国国立卫生研究院为代表。

（1）公务员制

美国国家实验室的科研人员的工资情况，具体遵循一套美国人事管理办公室（U. S. Office of Personnel Management，OPM）的分类和评级，主要包括四大类别，分别为行政首长（executive schedule，ES）、高级行政主管（senior executive service，SES）、联邦白领（general schedule，GS）和联邦蓝领（federal wage system，FWS）。OPM 对每一类属都会公布薪酬标准，不同职位分别对应不同的评级指南。国家实验室的负责人一般属于 SES 类，研究人员及大部分的行政管理人员通常属于 GS 类，目前有 15 个级别，即 GS1 ~ GS15，每级又分为 10 个档次（step1 ~ step10）（王静波，2014）。国家实验室的科研人员起薪从第 11 级开始算起。表 4-3 为 2016 年国家实验室对应的公务员基本工资结构。

表 4-3　2016 年美国国家实验室人员基本工资结构　　（单位：美元）

等级	Step 1	Step 2	Step 3	Step 4	Step 5	Step 6	Step 7	Step 8	Step 9	Step 10	等级范围金额
1	18 343	18 956	19 566	20 173	20 783	21 140	21 743	22 351	22 375	22 941	可变
2	20 623	21 114	21 797	22 375	22 629	23 295	23 961	24 627	25293	25 959	可变
3	22 502	23 252	24 002	24 752	25 502	26 252	27 002	27 752	28 502	29 252	750
4	25 261	26 103	26 945	27 787	28 629	29 471	30 313	31 155	31 997	32 839	842
5	28 262	29 204	30 146	31 088	32 030	32 972	33 914	34 856	35 798	36 740	942
6	31 504	32 554	33 604	34 654	35 704	36 754	37 804	38 854	39 904	40 954	1 050
7	35 009	36 176	37 343	38 510	39 677	40 844	42 011	43 178	44 345	45 512	11 67
8	38 771	40 063	41 355	42 647	43 939	45 231	46 523	47 815	49 107	50 399	1 292
9	42 823	44 250	45 677	47 104	48 531	49 958	51 385	52 812	54 239	55 666	1 427
10	47 158	48 730	50 302	51 874	53 446	55 018	56 590	58 162	59 734	61 306	1 572
11	51 811	53 538	55 265	56 992	58 719	60 446	62 173	63 900	65 627	67 354	1 727
12	62 101	64 171	66 241	68 311	70 381	72 451	74 521	76 591	78 661	80 731	2 070
13	73 846	76 308	78 770	81 232	83 694	86 156	88 618	91 080	93 542	96 004	2 462
14	87 263	90 172	93 081	95 990	98 899	101 808	104 717	107 626	110 535	113 444	2 909
15	102 646	106 068	109 490	112 912	116 334	119 756	123 178	126 600	130 022	133 444	3 422

注：参考美国人事管理办公室网站，网址为 https：//www. opm. gov/policy- data- oversight/pay- leave/salaries- wages/salary- tables/16Tables/html/GS. aspx。

传统公务员制（李志明，2015）的薪酬包括基本工资、津贴和补贴、奖金等。基本工资以常规工资体系为主、弹性工资体系为辅。国家实验室的科研人员和大部分行政职员属于联邦白领员工，因此按照 GS 系列计算工资。科学研究职位的雇员采用一套弹性工资体系，联邦行政机构可根据高级雇员的资格条件和工作绩效，在最低标准和最高标准之间决定其年薪报酬。津贴和补贴则包括制服津贴、生活津贴、加班费、假期补助和购房补助等。奖金包括现金奖和工作绩效奖等。现金奖金额一般不超过 1 万美元，但经人事管理署批准，可授予超过 1 万～2.5 万美元的现金奖。工作绩效奖金额一般不得多于基本薪金的 10%，也不得少于基本薪金的 2%，但是经负责人确认可以给予基本薪金的 10%～20% 的工作绩效奖。

此外，国家实验室依照公务员体系聘用的雇员还可以享有福利，如年休假、家庭与医疗假，以及出庭假、骨髓与器官捐赠假、紧急事件假等。同时，还享有健康保险、集体人寿保险以及养老金等保险。

（2）任职年限制

以美国国立卫生研究院（NIH）为例，其采用的薪酬体系，以联邦公务员薪酬体系为基础，辅之以绩效薪酬。以美国国立卫生研究院 2013 年最新的薪级表为例，人员收入主要分成三类，一是公务员通用规则体系，适用于占 NIH 工作人员近 70% 的科研人员和普通管理人员，基本工资起薪约为 5 万美元，最高为 13 万美元，外加工作地区的调节工资（为基本工资的 10%～30%）；二是高级行政人员体系，适用于院长、所长等，年薪在 12 万～18 万美元；三是针对特殊和优秀人才的体系，采取市场定价的原则，超过联邦部长的工资（林芬芬和曹凯，2015）。此外，NIH 每年对雇员进行年度评估，根据评估的情况进行绩效的调整，但是绩效一般不超过基础年薪的 10%。NIH 每四年进行一次基础薪酬的调级评估，根据评估结果调整雇员的基础薪金。

2. 国有民营型国家实验室（GOCO）——采取承包方的薪酬制度

对于国有民营型国家实验室，一般是其所属机构与承包方签订合同，委托与承包方进行经营管理。其薪酬体系采用的是承包方的薪酬制度。能源部下属的 17 个国家实验室中，有 16 个委托公立大学、私立大学和企业进行管理。此类型以能源部下属的国家实验室最具代表性。

能源部下属的国家实验室科研人员包括核心固定人员和外聘人员。核心固定科研人员又包括两类，第一类是能源部驻实验室以保证研究方向和质量的科学家，这部分人员属于联邦雇员，采用的是能源部所确立的工资福利和保险体系。此外是其他科研人员，其薪酬体系因承包方的性质而有不同，采用承包方（高校或企业）的薪酬制度。第二类是外聘人员，分为内部和外部两类。其存在主要是因为阶段性的工程建设需要，因而需要通过工程或外包其他机构或公司。此类雇员通常由合同聘用确定工资或者由机构或公司支付工资。

（1）高校管理的国家实验室薪酬体系——固定薪酬+浮动工资

劳伦斯伯克利国家实验室、普林斯顿等离子体物理国家实验室、埃姆斯国家实验室和国家加速器研究中心都属于能源部委托与承包方经营的国家实验室。这些实验室科研人员的薪酬体系以高校薪酬制度为准，采用“固定工资+浮动工资”的薪酬制度。固定工资为学校 9 个月的工资，分 12 个月发放。浮动工资则通过科研项目获得。近年来为促进科研效率，许多高校规定，从项目中提取的人员费一般不能超过 2 个月的工资，如果要提取 2.5 个月或者 3 个月工资，必须要做出详尽的说明。人员费的计算办法是：科研人员在单个项目投入时间占总投入时间的百分比乘以基本薪酬和福利。例如，单个项目投入占比为 25%，则可以提取的人员费是（基本薪酬+福利）×25%。如果同时承担多个项目，各个项目投入时间百分比加和不得超过 100%（林芬芬和曹凯，2015）。博士后的工资和福利主要依靠科研项目的经费支付工资，因而 LDRD 项目对博士后更具实际意义。

（2）企业管理的国家实验室薪酬体系——依照合同管理

能源部与企业签署合同，由企业依照合同来管理其下属的国家实验室。例如，著名的橡树岭国家实验室就是由 UT-Battelle 公司管理。在能源部签署的合同①中，规定企业管理的国家实验室的薪酬必须与市场平均工资水平相适应，要有一定的竞争性。能源部通过给该公司拨款，补偿其运营国家实验室的开销，包括雇员的工资和福利，涵盖了实验室的行政人员和科研人员的基本工资、平均薪酬、工作时间、加班费等工资内容，以及补贴、医疗、退休金、遣散费等一系列福利，具体包括如下方面。

1）承包商雇员补偿计划。依照合同规定承包商必须制定全面补偿系统，其具体规定和政策须最终获能源部批准。补偿系统必须有一定的连贯性和实用性，系统的开支明细必须全面记录。该补偿计划涵盖了补贴发放计划、个人和团队的补偿计划、经费开支计划和员工报销计划、内部管理和自我评估等。承包商应该向合同办公室报告其薪酬和福利的发放情况，包括每年度的薪酬支出的变化状况，以及获得补贴最高的五个管理人员的名单等。

2）薪酬和福利计划。每周工作少于 20 小时的雇员只能享受法律规定的福利，而其他符合规定和条件的雇员则有权额外享受承包商制定的薪酬和福利，包括雇员所能获得的现金补偿和退休金等。

第一，现金补偿，其分为，①对于企业管理的国家实验室的雇员，如要加薪，则必须向能源部提交年度《薪酬增长计划》（Compensation Increase Plan）。具体内容须涵盖市场行情分析总结，包括雇员平均薪酬与市场平均工资的比较；不同类型员工的薪资增加需求，包括科学家和工程师，行政人员和技术人员等；招聘或留住人才需要增长的金额；其他支持增加薪酬的数据和材料等。《薪酬增加计划》不包括承包商的高层，如实验室主任或工厂经理，因为这些重要人员的薪资在签署合同时就已经确定下来。②对以下情况的员工不发放遣散费：A. 自愿离职；B. 获得其他承包商的供职；C. 获得母单位或其他相关公司的供职；D. 因故被解雇。

第二，退休金和其他福利计划。由承包商资助的雇员退休金和其他福利须遵循合同办公室批准通过的《员工福利价值研究》和《员工福利成本调查比较》。

第三，其他福利。包括福利窗口（window benefit）、残疾计划、贷款计划、资产回归（asset reversion）和其他附带福利。

---

① 数据来源：ORNL Contract No. DE-AC05-00OR22725，DOE-H-1002 Employee Compensation：Pay and Benefits。

第二节　本章小结

美国国家实验室根据经营方式的不同，形成了国有国营和国有民营相结合的国家实验室管理模式，两种模式都充分发挥其优势。国有国营型国家实验室的研究领域相对专一，有利于整合人力和资源，国家对其管理的难度相对较小，实验室专业性突出，特色明显。国有民营的国家实验室可以充分利用私营企业的管理和运营经验，促进科技成果转换，进一步提高实验室的研究产出效率和实验室的经济效益。结合这两种不同的管理模式，美国国家实验室形成不同的人事管理制度和人才队伍建设策略。

在人事管理制度上，国有国营型国家实验室将公务员制和任期年限制相结合，国有私营的国家实验室采用承包方的人事制度，依照与实验室归属方所签订的合同对雇员进行管理，人事管理上相对灵活。按岗定位，不同职称的科研人员采用不用的管理方式。一般科研人员采用期限聘任制，高级科研人员采用任期年限制和合同制。不同管理方式有利于人才的招聘和留用，发挥科研人员的积极性。例如，美国国立卫生研究院对任期内表现优秀的员工予以转为终身雇员，而能源部下属的国家实验室则通过项目合同制的“固定工资+浮动工资”这种弹性较大的工资体系。对不同类型的职员采用不同的管理方式，配合终身职位和绩效工资等激励方式，有利于调动员工积极性。

在薪酬管理上，按劳分配，奖励突出，福利保障齐全，能充分发挥科研人员的积极性和创造性。对于公务员体系的雇员，采用公务员薪资梯度表进行薪酬计算，同时配套弹性制的辅助工资，科研人员收入相对稳定。在保障基本收入的同时，科研人员的薪酬差异还通过项目收入和成果转换等渠道体现差异，这有利于促进科研人员投入到更加前沿和有挑战性的研究领域中。充足的福利和保障使科研人员无后顾之忧。

在人才队伍建设上，对占实验室科研队伍比重较大的博士后提供参与科研、获得酬劳的机会。如能源部下属的国家实验室采用的 LDRD 项目对人才的招聘、发展和保留至关重要，特别是对于国家核安全局下属的国家实验室和非能源部科学办公室下属的国家实验室而言更是如此。LDRD 项目通过为博士后提供奖学金、项目启动种子基金和项目报酬等，保障了博士后的收入，支持博士后转为正式员工。从结果上看，LDRD 项目在客观上为博士后的招聘和留用创造了机会，为博士后提供了物质保障。

然而，美国国家实验室在人事管理上也存在明显不足。博士后作为国家实验室的科研主力，其收入却低于一般水平，不利于博士后发挥工作积极性。博士后的工资标准按照核心教员的工资水平而定，约为 3 万 ~6 万美元/年，而一般科研人员的工资以 5 万美元为起薪。尽管能源部有 LDRD 作为支持博士后的项目，但是其在整个实验室支出中所占的比例仅为 6%。这 6% 的经费里还包括项目启动费、管理费等费用，所以实际上博士后的薪酬所占的比例绝对少于 6%。同期相比，能源部拨与实验室的资金中，其中约有 50% 作为补贴（包括工资和福利）。所以，占比最大、工作最辛苦的博士后所拿的报酬与其工作量并不相称，这不利于人才的招聘与留用，最终也会影响整个实验室的效益和任务的达成。

美国国家实验室的人事制度和人才队伍建设对中国的国家实验室建设有较大的借鉴意

义。我国在建设国家实验室的过程中，可参考美国国家实验室国有国营和国有民营的经营形式。通过与地方高校和工业企业合作，更好地利用人力和地理优势，完成国家的科研任务。在薪酬待遇上，应该适当提高科研人员的工资水平和福利待遇。对级别较低的研究人员，如助教和博士后等，应适当予以物质保障，为其提供更多参与项目的机会。通过“固定工资+浮动工资”的项目制形式，丰富科研人员的薪酬来源。在项目经费管理上，可以采用更为灵活的方式。例如，在保证科研目标达成的前提下，给以科研人员在经费上更大的自主权，减少报销规定和程序，节约时间和人力。

第五章　美国国家实验室的经费管理和薪酬制度

第一节　美国联邦 R&D 预算管理制度

一、联邦政府的 R&D 预算管理

国家实验室的预算与联邦政府预算紧密相关。联邦政府每个财政年的预算直接决定了国家实验室所获得资金的数目和流程。要研究国家实验室的预算管理情况，必须了解整个联邦政府的预算制度和流程。

（一）联邦政府的 R&D 预算流程

美国联邦政府整个预算流程包括预算规划，预算审核，预算再审核与拨付，预算执行四个阶段（图 5-1 和表 5-1）。

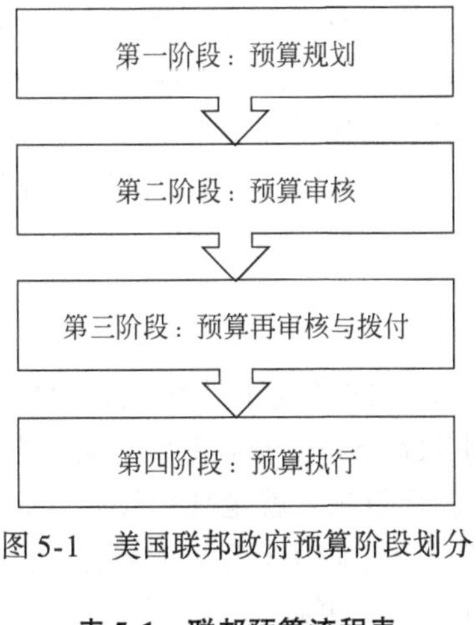

图 5-1　美国联邦政府预算阶段划分

表 5-1　联邦预算流程表

阶段一：相关机构制定预算规划，白宫管理和预算办公室、白宫科技政策办公室对规划进行监管									阶段二：白宫管理和预算办公室对预算规划进行审核				预算公布	阶段三：国会预算再审核和拨款						
1 月	2 月	3 月	4 月	5 月	6 月	7 月	8 月	9 月	10 月	11 月	12 月	1 月	2 月	3 月	4 月	5 月	6 月	7 月	8 月	9 月

注：表内只有 21 个月，但预算执行要等到下一年的 10 月，所以整个周期长达 33 个月。

第一、第二阶段是总统预算的形成阶段。第三阶段是预算再审核与拨付，需要经过一个漫长的国会拨款周期。第四阶段是预算执行，这个阶段开始于每个财政年的起始时间，即 10 月 1 日。一个财政年的预算的形成、拨款和执行需要 2 ~ 3 年的时间。

具体来看，联邦预算过程是一个总统与国会进行博弈的过程。总统在此过程中的作用是提出预算请求，即《美国政府预算》。但批准的权利却掌握在国会手中。国会众议院与参议院投票通过预算决议案，然后由两院组成的小组委员会审定拨款法案，国会众议院与参议院就每个拨款法案进行投票，并弥合分歧，最后总统签署拨款法案，预算上升成法案。

美国联邦政府预算流程如图 5-2 所示。

（二）联邦政府 R&D 预算涉及的机构

在联邦政府的预算过程中，行政机构和立法机构共同参与。行政系统中，主要包括总统、管理和预算办公室（OMB）以及财政部。总统负责提出预算请求，预算和管理办公室负责审核和修改请求，编制支出预算。财政部负责最后的资金调拨事宜。各部门的具体职责如图 5-3 所示。

国会在预算过程中起着审批、监督和拨款的作用，预算过程中所涉及的部门也较多，包括国会预算委员会、国会拨款委员会、国会筹款委员会、国会预算办公室和国会会计总监局。各机构的具体职责如图 5-4 所示。

（三）美国联邦 R&D 预算的类别

1）从整个联邦政府的支出结构来看，每个财政年，联邦的总支出由三个部分构成，即法定支出①、自由裁量支出②和联邦债务利息（图 5-5）。

2）从预算的具体用途来看，联邦政府 R&D 预算可以分为国防支出和非国防支出。国防支出分为由国防部承担的支出和非国防部承担的支出。非国防支出具体细化为一般科学、太空和科技，能源，交通运输，医疗，农业，自然资源和环境及其他七个子类。

（四）绩效预算

绩效预算是指政府首先制定有关的事业计划和工程计划，再依据政府职能和施政计划，制定计划和实施方案，并在成本效益分析的基础上确定实施方案所需费用来编制预算的一种方法（张俊伟，2013）。简言之，绩效预算就是判断预算需求的多少，并对预算执行的结果进行评估审计。绩效信息在预算编制过程中有重要参考作用。管理和决策人员利多种绩效信息衡量项目成果，帮助管理和决策人员更好地理解项目的价值，作为资助决策的参考。

---

① 法定支出：又称“强制性支出”，是指依据现有规范特定项目的法律而花费的资金，不需要每年拨款，设计的是各种应得权益计划（entitlement program），包括社会保障、医疗保险、食品券等。

② 每年由总统提出预算请求，并由国会拨款，约占整个联邦预算的三分之一左右。国会每一次拨款构成一个法案，授权为某个特定的目标支出一定的资金。依立法者的意志而发生变动，包括为教育、环保、军事等项目提供的资金。

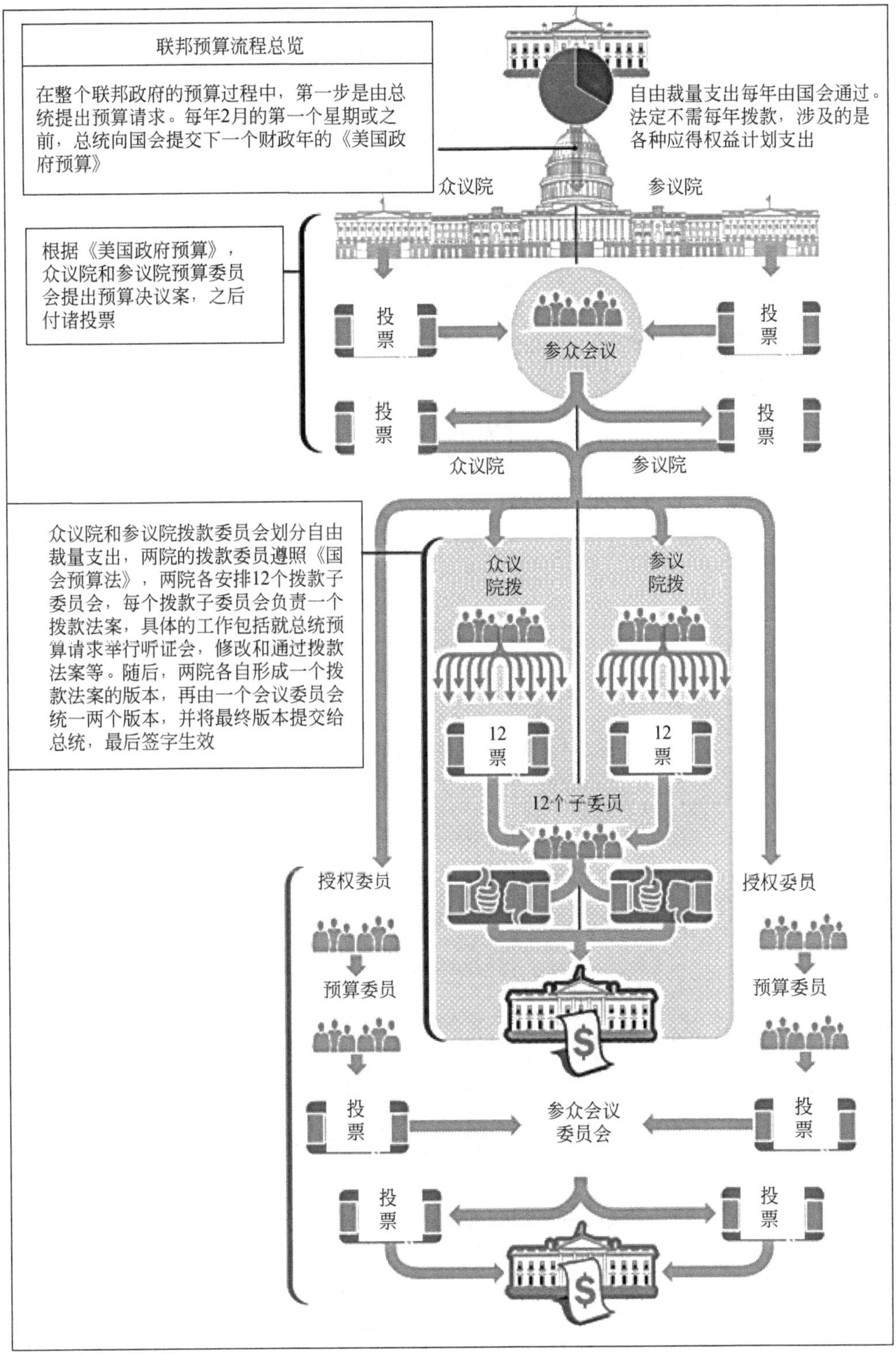

图 5-2　美国联邦预算流程总览

注：参考华盛顿邮报，网址为 http：//www. washingtonpost. com/wp-srv/special/politics/federal-budget-process/budgetprocess. pdf。

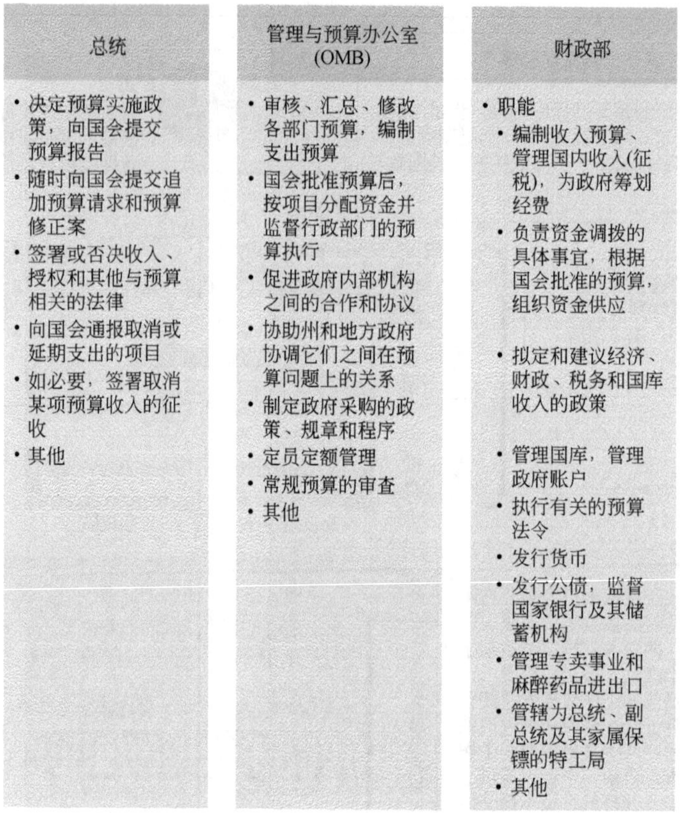

图 5-3　联邦预算中涉及的行政机构

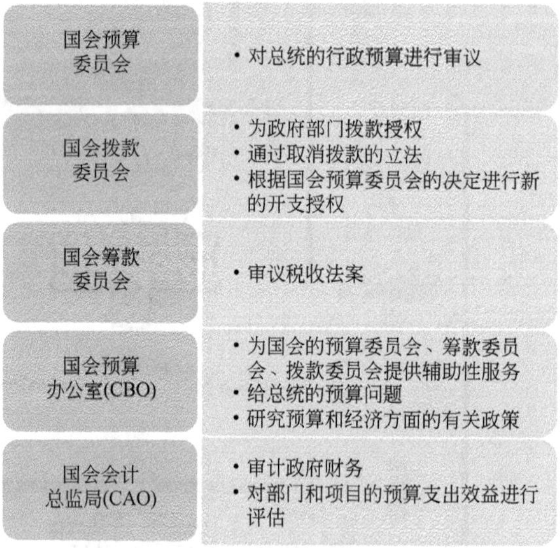

图 5-4　联邦预算中涉及的国会相关机构

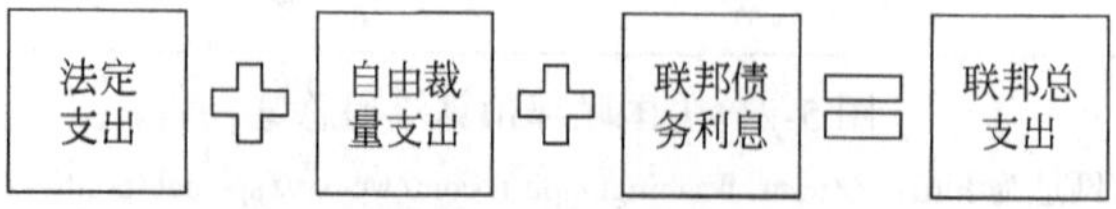

图 5-5　美国联邦预算支出的结构

绩效预算在许多机构都有推行，如美国国家地质调查局就利用绩效管理来确保其项目的落实和项目资助的合理性，确保地方、地区和国家三个层面在项目管理上的统一性和协调性。在绩效管理中，国家地质调查局在项目绩效管理上采用内部管理加外部管理的方式。内部管理包括对项目、资金应用、信息安全和人力资源的评估，外部管理包括同行评审。此外，绩效管理中还需有一定的导向，以促使项目的落实和预算的执行。如图5-6所示，国家地质调查局在绩效管理上，有四种导向，即客户导向、科学导向、行政导向和国会导向，这四种导向在国家地质调查局形成项目、项目资金申请和预算执行的过程中起着重要作用。在具体的实践上，地质调查局根据客户导向明确科学需求，完成进一步科学研究之后，形成科学战略，制定五年计划，而后计划进入行政系统，形成内务部的政府绩效与成果法(government performance and results act）战略计划，之后是总统提出预算和年度计划。最后是国会审批和拨款，项目开始执行并反馈。

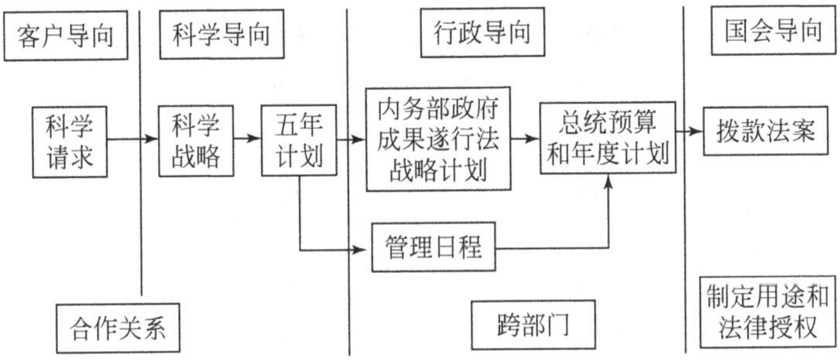

图5-6　绩效管理工具——导向和媒介

国家地质调查局的项目绩效报告，又分为四种：周期性绩效报告、年度绩效报告、季度绩效报告和持续性绩效报告。周期性绩效报告包括对项目的内外部评估、国家审计署评估和内部管理评估。年度绩效报告包括国家内务部绩效报告、该机构的绩效报告、董事的保证声明以及对雇员表现的评估。季度绩效报告涉及成本绩效、政府成果遂行法绩效和投资审核委员会（investment review board，IRB）里程碑事件的记录和评估。这三种绩效报告都是在某一节点集中完成，除此之外，国家地质局对联邦金融系统（FFS)、作业成本(ABC/M)①、时间和出勤（T&A）的绩效一直在持续关注和报告（图5-7)。

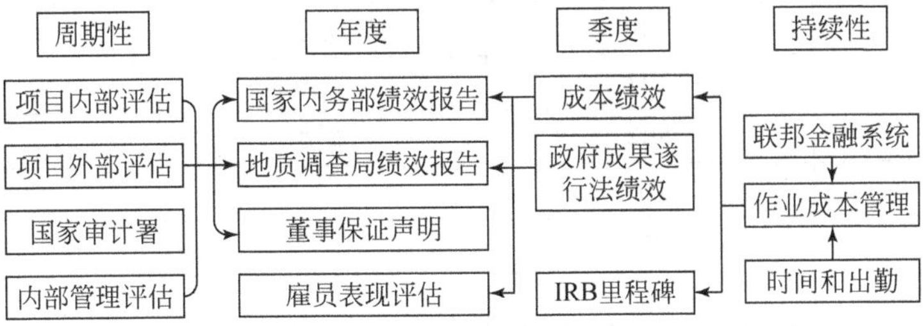

图5-7　项目绩效报告

注：数据来源于美国国家地质调查局预算、计划和整合办公室。

① ABC/M，是给予活动的成本核算系统。

国家实验室在绩效评估时采用长期评估和年度评估相结合的方式，由外部咨询委员会执行，评估标准为“成功”和“失败”。长期评估的评估内容有：①实验室在研发、建设和专业领域的领导作用，在提供新设备、重大研究和教育的平台作用；②收集和分析国内外的科技资源，对政策形成和资源分配所产生的作用；③在新一代科研和教育工具上，利用先进设备和技术支持研究；④为美国的研究人员、教育人员和学生提供使用先进科学设备、工具、数据库和其他设施。各类型成果的长期评估结果见表 5-2。

表 5-2　美国国家实验室长期绩效评估类别及其成果

	年份	目标	实际
A 类的成果	2003	成功	成功
	2004	成功	成功
	2005	成功	成功
	2006	成功	成功
	2009	成功	—
	2012	成功	—
B 类的成果	2003	成功	成功
	2004	成功	成功
	2005	成功	成功
	2006	成功	成功
	2009	成功	—
	2012	成功	—
C 类的成果	2003	成功	成功
	2004	成功	成功
	2005	成功	成功
	2006	成功	成功
	2007	成功	成功
	2008	成功	—
	2009	成功	—
	2010	成功	—
	2011	成功	—
	2012	成功	—
D 类的成果	2003	—	成功
	2004	—	成功
	2005	成功	成功
	2006	成功	成功
	2009	成功	—
	2012	成功	—

注：数据来源于美国白宫网站。

年度评估的内容因各个国家实验室而异。例如，通过数据使用量来衡量，美国国家大气研究中心（NCAR）通过用户对其数据的下载量来衡量其绩效，见表5-3；或通过设备使用率来衡量，见表5-4。

表5-3　美国国家大气研究中心（NCAR）对其数据下载量

年份	目标	实际
2002	baseline	890
2003	891	1331
2004	1332	2191
2005	3000	3990
2006	4500	4779
2007	5000	5168
2008	5200	—
2009	5300	—
2010	5400	—

注：数据来源于美国白宫网站。

表5-4　美国国家大气研究中心设备使用率

年份	目标	实际
2003	90%	100%
2004	90%	83%
2005	90%	100%
2006	90%	100%
2007	90%	75%
2008	90%	—
2009	90%	—
2010	90%	—

注：数据来源于美国白宫网站。

二、国家实验室的预算管理

（一）国家实验室经费来源

国家实验室的研究经费主要来自资助单位、联邦政府或地方政府、私营部门的客户，亦可以分为联邦政府经费来源和非联邦政府经费来源。以2001～2014年的国家实验室经费来源为例，联邦政府的资助是国家实验室的主要经费来源。2001～2014财年，联邦政府经费在每年经费中所占比例都达96%以上（表5-5）。

表 5-5 2001～2014 财年国家实验室经费来源

财年	经费来源			所占比例	
	经费总数/千美元	联邦政府/千美元	非联邦政府/千美元	联邦政府/%	非联邦政府/%
2001	10 071 307	9 709 221	362 086	96.4	3.6
2002	11 536 424	11 095 110	441 314	96.2	3.8
2003	12 126 880	11 681 318	445 562	96.3	3.7
2004	12 632 207	12 321 652	310 555	97.5	2.5
2005	13 254 522	12 917 206	337 316	97.5	2.5
2006	13 218 497	12 824 552	393 945	97.0	3.0
2007	13 824 987	13 401 081	423 906	96.9	3.1
2008	15 616 390	15 177 347	439 043	97.2	2.8
2009	16 390 111	15 942 851	447 260	97.3	2.7
2010	18 880 609	18 453 552	427 057	97.7	2.3
2011	18 671 245	18 276 088	395 157	97.9	2.1
2012	18 280 943	17 875 012	405 931	97.8	2.2
2013	17 667 184	17 284 513	382 671	97.8	2.2
2014	17 718 556	17 331 396	387 160	97.8	2.2

注：数据来源于 National Science Foundation, National Center for Science and Engineering Statistics, FFRDC research and development survey. R&D expenditures at federally funded research and development centers, by source of funds: FYs 2001～2014。

（二）国家实验室的预算流程

1. 预算拨款

（1）雾化预算——能源部下属国家实验室的主要预算方法

以能源部为例，能源部下属的国家实验室在预算资金分配上采用的是“雾化预算”（budget atomization）的方式。在资金的下拨过程中，从联邦政府到承包商之间，层层将预算资金的用途细化，形成多个资金“桶”。每个资金“桶”代表着资金的具体用途。雾化预算是一个自上而下的过程。

雾化预算的前期主要涉及预算的法律控制。所谓预算的法律控制，是指在法律层面上对预算资金的管理和控制。法律法规对部分预算资金的使用作出规定，将预算资金细分到具体的资金“桶”中。法律控制包括以下内容，①对拨款和其有效期作规定。能源部的资金活动必须遵循美国竞争法的规定。②建立 PPA 控制（program, project or activity, PPA）①，即对计划、项目和活动水平进行控制，将预算进一步细化，以加强管理。③管理

① PPA：指由国会通过年度拨款所资助的所有计划、项目和活动。

和预算办公室对资金进行分配，分配的类型分别为，A. 按照时间进行分配，如季度资金；B. 按照项目类型进行分配；C. 按照资金的使用期限进行分配。有些资金属于未来才动用的资金，如国家核安全局的退休资金。④对项目进行编码。项目办公室根据项目情况再细分资金，采用9位数的编码对项目资金进行归类。

表5-6中所示的是拨款中预算资金如何形成资金“桶”的过程。从国会的PPA到具体的项目办公室再到具体的国家实验室，资金“桶”层层增加。以科学办公室的预算为例，国会对科学办公室有三项拨款，具体到计划、项目和活动层面时，对资金的用途细化为26项，这两个层面是属于法律控制的范围，即属于国会管理的部分。到项目办公室层面时，项目办公室根据项目将资金细化为253项用途，用9位数的B&R编码进行记录和追踪。到地方则资金的用途再细化为1054项。从上往下，资金的用途越来越细化。

表5-6　美国国家实验室预算所受控制的来源和数量

项目	法律控制		项目办公室		
	2014财年拨款				所有年份
	拨款	PPA	9位数的B&R codes[①]	地方	地方
武器	1	70	321	1278	2369
防御计划	1	44	161	566	979
其他	1	26	160	712	1390
防御（环境管理办公室）	2	33	119	609	1292
科学办公室	3	26	253	1054	2120
能源效率和可再生能源办公室	3	18	84	553	1253
环境办公室	2	7	14	80	211

注：表中不包括OCL层面的控制，数据来源于能源部首席财务官办公室文件（Presentation to the Commission to Review the Effectiveness of the National Energy Laboratories, Budget Atomization of DOE Funding, 2015年4月22日。）

具体的国家实验室案，如桑迪亚国家实验室（SNL）和橡树岭国家实验室（ORNL），其资金“桶”数目的变化见表5-7[②]在国会拨款阶段，SNL的拨款项目是14项，ORNL为16项，细分为PPA时，SNL的项目为114项，ORNL的项目为85项。到项目办公室阶段，SNL形成了261项用途更加细化的9位数B&R编码项目，ORNL的数目同SNL。拨款有限期内SNL的所有资金“桶”数目为721个，共计18.16亿美元，1ORNL为1000个，共计11.58亿美元。

---

① 9位数的预算和报告编码：Budget and Reporting（B&R）Codes，是对能源部计划、项目和活动的编码，用于预算、报告、成本、收入、控制和衡量预算的实际表现。

② Presentation to the Commission to Review the Effectiveness of the National Energy Laboratories, Budget Atomization of DOE Funding, 2015年4月22日。

表 5-7 典型国家实验室的资金“桶”数目

国家实验室	法律控制		项目办公室		总金额/亿美元	
	2014 年财年拨款		九位 B&R Codes	所有年份	2014 年	所有年份
	拨款	PPA				
SNL	14	114	261	721	16.80	18.16
ORNL	16	85	261	1000	11.38	11.58

（2）雾化预算的形式

雾化预算有两种形式，一种是 NNSA 模式，一种是 NASA 模式。

1）NNSA 模式。即国家核安全局模式，下拨到实验室的预算资金需受不同层次的机构的管理和控制，如图 5-8 中的金字塔所示。自上而下，国会负责拨款、义务控制水平（obligation control level，OCL）① 以及 PPA 控制。国会的拨款须遵循其义务控制水平的规定，但也有一定的灵活性，这点主要体现在流动资金上。流动资金的计算有两种方法，一种是直接规定流动资金的最高金额，另一种则是规定流动金额在总预算资金中所占的比例，最后将二者所得的具体资金数目相比较，取数目高者作为流动金额。例如，国家核安全局的预算资金中，规定流动资金的最高金额为五百万美元，或规定流动金额占总资金比例最高为5%，如果依照比例算出来的具体数目低于五百万美元，则取依照比例算出的金额，若高于五百万美元，则取最高金额。这个规定的好处在于，其使义务控制水平内的资金流动不需要再经历国会的审批、简化了程序、节约了人力和时间。但是，如果现实操作中流动金额超过预算中所计算的流动金额时，NNSA 依然需要向国会报告以请求批准，从报告到审批一般需历时 3 ~6 月。国会之后则是联邦部委层面。能源部将每个 PPA 分成多个预算和报告准则（B&R），对应预算和报告准则，项目办公室将预算进一步细化，然后给每个项目资金分配一个 9 位数的编码，以便于识别以及追踪其日后的具体流向和管理情况等。

2）NASA 模式。NASA 模式与 NNSA 模式相似，国会对 NASA 的拨款流入资金“桶”也建立了许多法律控制。与 NNSA 相似，由任务、主题和项目报告属性（project reporting attributes，PRA）的变化而引起的资金的调动，也需要向国会报备并申请批准。NASA 的财务管理采用的是“全成本”核算方式，即用对劳务、差旅和采购的全部资金进行一次性拨款，并以 6 位数的编码进行标志和识别。NASA 的首席财务官有权在任务和主题相似的项目间进行资金调动。任务董事会和项目办公室负责给各个项目、PRA、计划和中心安排资金。各个中心的首席财务官再根据其实验室的研究计划进行拨款。

在国会控制的层面，NASA 和能源部的模式相似，但 NASA 对美国喷气推进实验室（JPL）的资助上，其预算分配和资金使用领域却有不同，具体表现在以下三点。首先，喷气推进实验室与 NASA 总部共同创建和调整期间运营计划。其次，也是最重要的一点，NASA 在拨款给喷气推进实验室时，以整个计划的形式拨给资金，而不是在将其细分为许多小的项目。实验室对资金的使用有较大的自主权，如实验室为完成其任务目标，有权安

① 义务控制水平：由国会、预算和管理办公室或能源部内部管理办公室所实施的对项目的有效管理和控制。国会或内部基表对义务控制水平进行确定。基表包含国会赞助通过的计划、项目和活动的总数目。

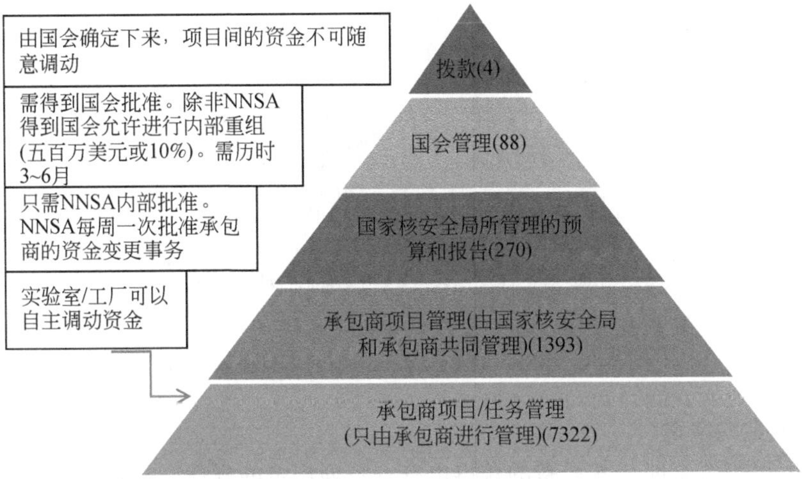

图 5-8　能源部国家核安全局资金下拨与国家实验室承包商的过程

注：数目表示 2014 年 11 月各个层面所设的资金“桶”。数据来源于 Securing America's future: realizing the potential of the department of energy's national laboratories, Final report of the commission to review the effectiveness of the national energy laboratories。

排硬件采购、软件开发、任务规划和分析的资金使用等。最后，NASA 总部会在每一个拨款中保留一定百分比的资金以应对突发事件，总部的项目负责人可以通过这些预留资金解决项目资金严重紧缺的问题。因而事实上，很少有需要调动 RRAs 之间资金的情况。这反映了 NASA 总部与实验室之间的互相信任。

NNSA 与 NASA 在经费分配程序上的不同，主要体现在项目层面上。由图 5-9 和图 5-10 可见 NASA 资助的国际空间站计划（international space station，ISS）和 NNSA 资助的 B61 延寿计划在法律控制和管理上的不同。

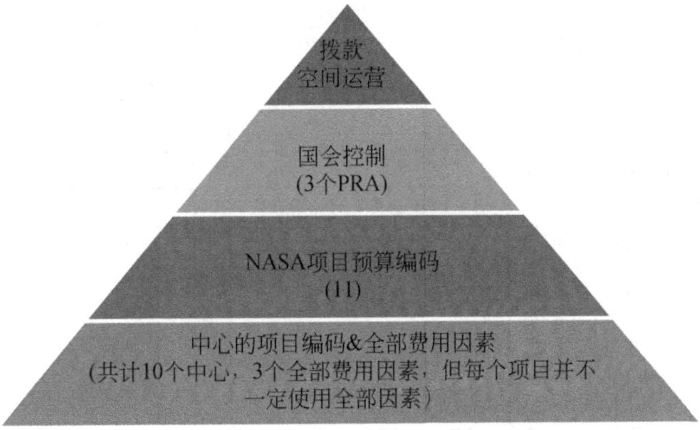

图 5-9　NASA 的国际空间站计划的“全部成本”合计模型

注：数据来源于 NASA，首席财务官办公室。

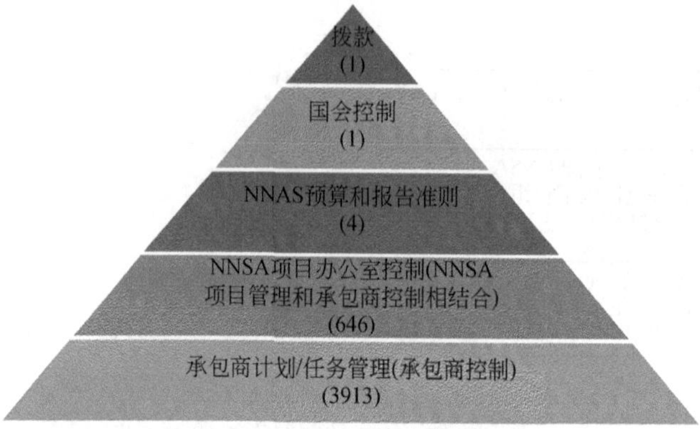

图 5-10　NNSA 的 B61 延寿计划的项目控制模型

2. 预算资金的申请

从下往上申报资金时，其经费的获得也有一系列规定的程序。以能源部下属的劳伦斯伯克利国家实验室为例，具体步骤如图 5-11 所示，在整个流程中可以看出，电子化办公的特点非常明显。

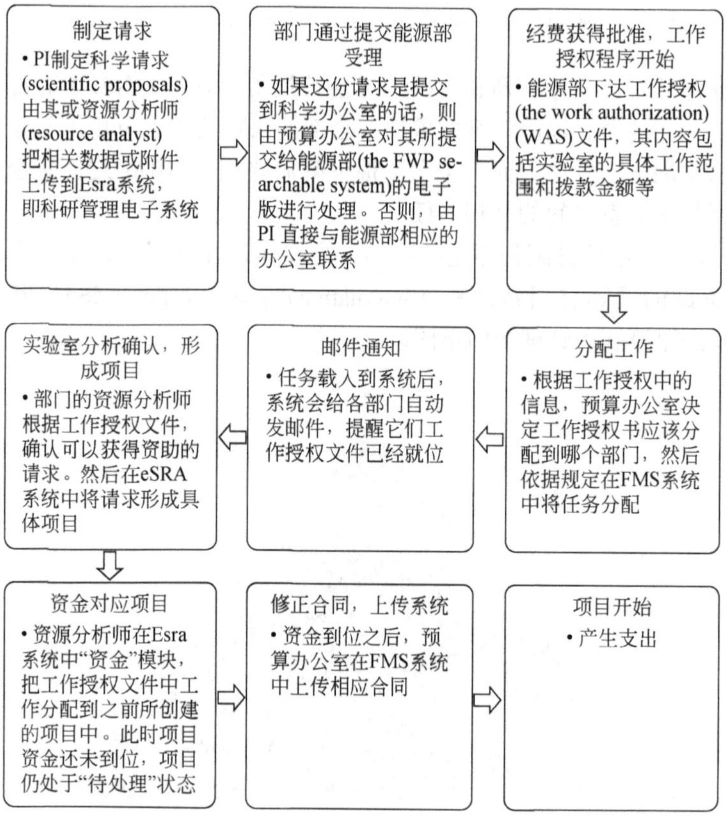

图 5-11　劳伦斯伯克利国家实验室获取经费的流程

注：根据 DOE funding process overview 进行整合，网址为 http：//www2. lbl. gov/Workplace/CFO/training/e_ learning/FMS1201/DOEFundingProcess/story_ html5. html。

(三) 预算资金的项目构成

预算资金的构成包括科研经费、设备购置及维护、工作人员薪酬和安全保障等。以能源部下属的国家实验室为例，其每个项目下都包含了具体的研究经费和基建经费，工作人员的薪酬开支等。一般在预算中，科研经费预算最高，其次是基建经费。根据不同领域的预算投入，可以看出联邦政府所重视的科研重点（表 5-8）。2017 财年，能源部预算超过 50 亿美元的科研领域有基础能源科学、先进科学计算研究、生物与环境研究、高能物理和核物理等领域。其中，基础能源科学领域的预算最多，接近 200 亿美元。可见能源部所重视的科研领域还是以基础能源研究、能源开发和利用以及生态保护为重点①。

能源部下属的国家实验室中，获得拨款较多的实验室为橡树岭国家实验室、斯坦福加速器国家实验室、阿贡国家实验室和洛斯阿拉莫斯国家实验室。表 5-8 中所选取是这四个国家实验室在先进计算机科学研究、基础能源科学、生物与环境研究、核聚变能源科学、核物理等研究领域的预算投入，以及支持科研活动的科研人员人力开发、基础设施建设和安全保障方面的预算。值得注意的是，安全保障的预算金额较多，这与这些实验室所从事的研究领域有关，但也体现了实验室在管理上对科研安全的重视。

表 5-8　2015～2017 财年国家实验室预算明细　　(单位：千美元)

国家实验室	项目	2015 财年（正在进行）	2016 财年（通过）	2017 财年（请求）
橡树岭国家实验室	先进科学计算研究	123 927	115 256	111 077
	基础能源科学	311 963	325 402	322 640
	生物与环境研究	77 354	75 029	61 539
	核聚变能源科学	172 716	127 759	139 551
	核物理	19 698	19 265	18 643
	科研队伍人力开发			
	科学实验室基础设施	0	12 000	26 000
	安全保障	9 955	12 374	12 374
	总计	715 613	687 085	691 824
斯坦福加速器研究中心	先进科学计算研究	447	374	0
	基础能源科学	342 792	400 159	396 583
	生物与环境研究	4 945	3 871	3 900
	核聚变能源科学	5 490	4 750	5 250
	高能物理	81 386	98 214	101 708

① 数据来源：FY2017 Budeget Volume 4, Science funding by congressional control。

续表

国家实验室	项目	2015 财年（正在进行）	2016 财年（通过）	2017 财年（请求）
斯坦福加速器研究中心	核物理	134	0	0
	科研队伍人力开发	280	0	0
	科学实验室基础设施	17 920	34 800	30 000
	安全保障	4 110	4 096	4 255
	总计	457 504	546 264	541 696
阿贡国家实验室	先进科学计算研究	107 220	91 999	84 152
	基础能源科学	241 517	239 914	244 511
	生物与环境研究	30 723	28 716	26 706
	高能物理	20 693	16 168	15 765
	核物理	28 288	28 846	29 543
	科研队伍人力开发	1246	0	0
	科学实验室基础设施	7 000	27 510	19 590
	安全保障	9 644	8 858	9 240
	总计	446 331	442 011	429 507
洛斯阿拉莫斯国家实验室	先进科学计算研究	9 063	6 503	2 045
	基础能源科学	25 648	26 562	26 879
	生物与环境研究	25 791	23 640	20 033
	核聚变能源科学	3 824	1 986	1 540
	高能物理	3 382	2 070	2 100
	核物理	9 285	10 219	9 704
	科研队伍人力开发	522	0	0
	总计	77 515	70 980	62 301

数据来源：FY2017 Budeget Volume 4，department of energy；FY2017 congressional budget，funding by approppiration by site。

（四）绩效预算

绩效预算（performance budget）就是政府首先制定有关的事业计划和工程计划，再依据政府职能和施政计划，制定计划和实施方案，并在成本效益分析的基础上确定实施方案所需费用来编制预算的一种方法。绩效预算中，首先是“项目绩效预算”试点改革。财政部门必须制定项目绩效预算编制办法，建立项目支出绩效考评制度及其框架体系。建立项目库，并实行滚动管理。各部门根据项目绩效预算编制办法和项目库编制年度项目预算。政府委托财政与审计部门对政府各部门的支出项目进行绩效考评。由政府根据绩效考评结果做出奖惩。之后在所有部门全面推行项目绩效预算。最后实行全面推行部门绩效预算。实施部门以“绩效目标+部门+绩效成果”为对象，按效果和效率拨款①。

每年国家实验室都会有一个绩效指标，指明年度绩效预算中国家实验室在设备建设和升级所要达成目标。同时形成相应的成本目标和进度目标。财政年伊始，国家实验室会向上级部门提交年度绩效预算计划，以2012财年为例，预算和计划办公室首先会审核各个机构的2012财年绩效预算计划或年度绩效计划意见，研究各机构的战略和年度计划，包括其近期的优先目标。预算意见应该反映该财年的绩效目标。正如国会预算办公室主任在有关2012年政年预算指导的备忘中强调，各机构应该充分寻找和利用资源以完成自己的目标。在财政年结束前，各机构提交项目完成情况的报告。这份报告包括国家实验室在科学、工程、教育和宣传活动的情况。年度绩效报告应该包括该机构实现其长期目标和年度目标的过程以及进度信息，明确其优先目标和发展的长期趋势。报告还应反映项目执行过程中所遇到的问题。此外，各机构的年度绩效报告还应明确其现在取得的成绩和长期目标之间的联系。年度绩效预算和年度绩效报告成为衡量预算执行效果以及是否继续滚动资助或者停止资助的重要参考依据。

第二节　国家实验室的薪酬制度

一、美国国家实验室的薪酬补贴与总支出

薪酬在国家实验室的经费支出中都占较大比例。根据美国国家审计署的调查，以国家能源部、国防部和国家科学基金会下属的30个国家实验室为例，其中多数实验室的薪酬补贴都占其总经费的一半以上。2010～2012财年，国家能源部、国防部和国家科学基金会下属的30个国家实验室中，有20个实验室每年的补贴花费占其总经费的一半以上。从数据中可以看出，这期间三家机构所资助的国家实验室每年在补贴上的花费，在其总的经费中所占的比例为27%～79%（图5-12）。

二、美国国家实验室的薪酬结构及发放形式

联邦实验室的薪酬发放由实验室经营者负责。政府机构和承包方之间签订资助协议，成立国家实验室，由承包方经营实验室，并负责实验室的日常事务，如人事政策和薪酬管理。

实验室经营者可以根据合同获得大量的资金，以应对实验室的开支，包括对员工发放

① 参考的绩效预算管理网址为 http：//wiki. mbalib. com/wiki/%E7%BB%A9%E6%95%88%E9%A2%84%E7%AE%97#_ note-1。

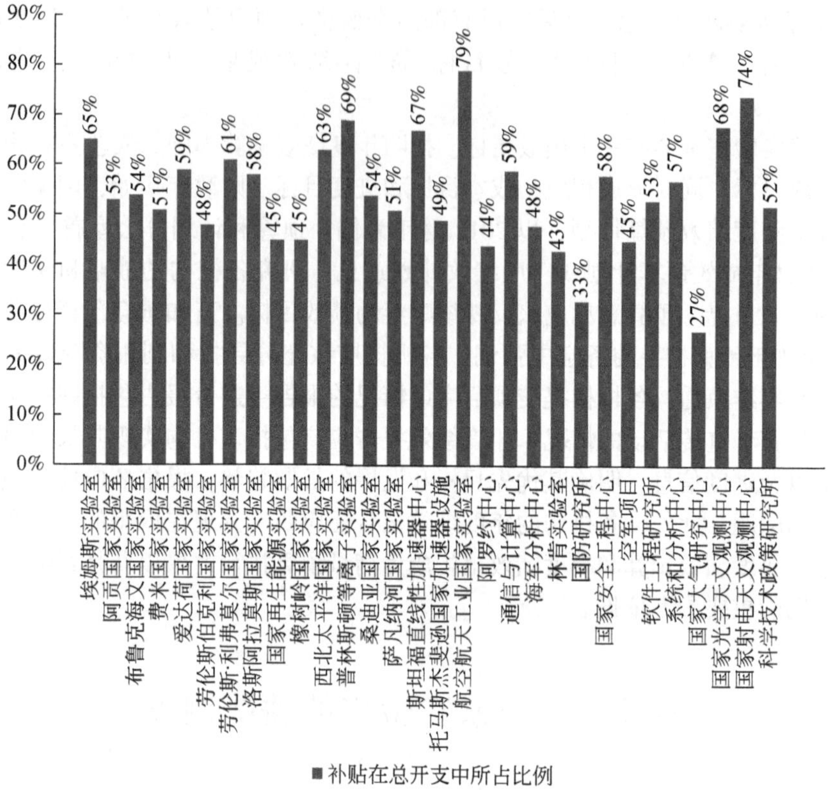

图 5-12　2010～2012 财年薪酬补贴在国家实验室总开支中所占比例

注：参考美国审计总署（GAO）的 Reviews of employee compensation and center performance。

报酬。根据联邦采购条例（FAR）的规定，与相似规模、相似实践和相同地理区域的公司相比，国家实验室给予员工的报酬必须具有竞争力。经营方发给实验室雇员的报酬开支，只要不超过法定上限，都由联邦政府负责报销。实验室的经营者也可以自己另外给予雇员补偿，但是这部分花销不在报销范围内。国家实验室对雇员的补偿主要有两种形式，一种是报酬，包括薪水、奖金和其他现金激励。另外一种是福利，包括退休金、递延补偿以及附加福利，如健康保险（图 5-13）。

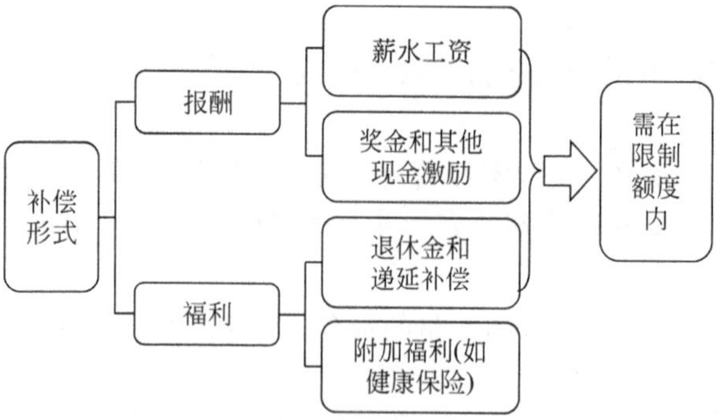

图 5-13　国家实验室对雇员进行补偿的形式

注：参考美国审计总署（GAO）的 Reviews of employee compensation and center performance。

三、美国国家实验室的薪酬计算方法

联邦政府每年做预算时，也对国家实验室的薪酬补贴做了相应的预算。每个财政年间，由管理与预算办公室（OMB）以实验室的全职人力工时作为单位，计算每个财政年共需支付多少全职人力工时的补贴。国防部下属的实验室，除了使用此计算方法外，也会以技术工作人工年（STE）作为衡量标准。STE 表示由研究人员、科学技术人员和工程师完成的专业技术工作当量，一个 STE 工作当量为 1810 小时。每个财政年度国会都会对国防部下属的国家实验室所承当的 STE 当量作出规定。如图 5-14 和图 5-15 所示在 2010～2012 财年，能源部、国防部和国家科学基金会下属的 30 个国家实验室平均每年的全职人力工时①（full-time equivalents，FTE）为 71 000 个。2012 年，实验室的每个全职人力工时的平均补贴花费为 135 694 美元。同年，联邦政府采用全职人力工时测算的职位中，其平均补贴花费是 116 828 美元。国家实验室每年在全职人力工时的补贴花费上，平均为 88 000～177 000 美元。

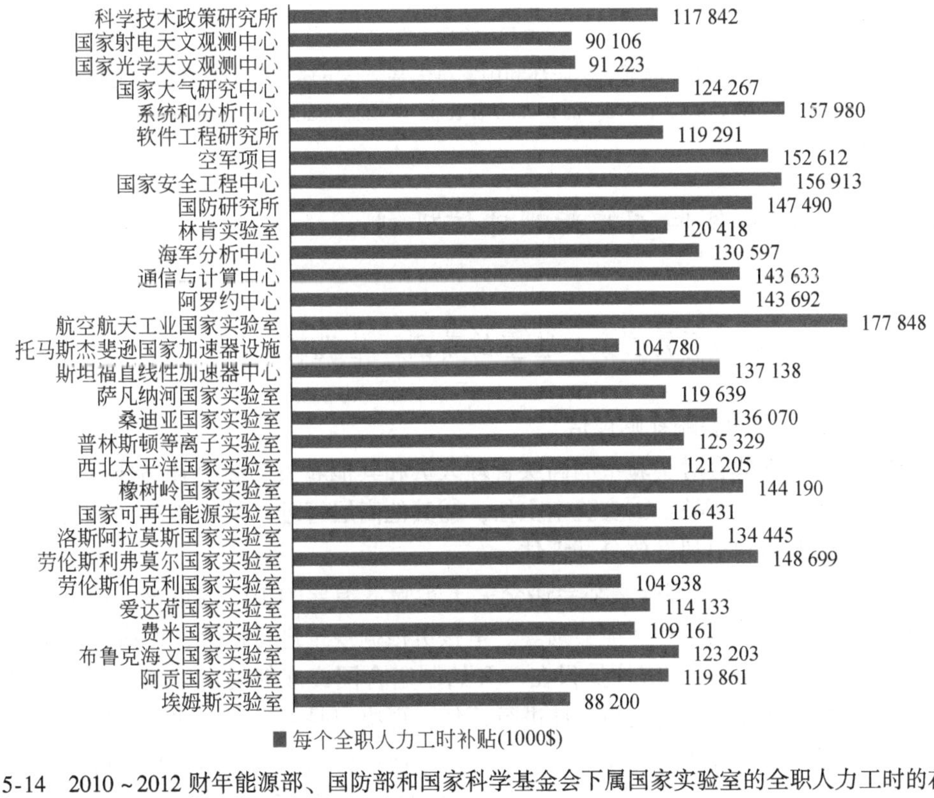

图 5-14　2010～2012 财年能源部、国防部和国家科学基金会下属国家实验室的全职人力工时的花费

注：参考美国审计总署（GAO）的 Reviews of employee compensation and center performance。

① 全职人力工时，也称相当全时工作量，是对从事科技活动人员投入量的一种测算方法。

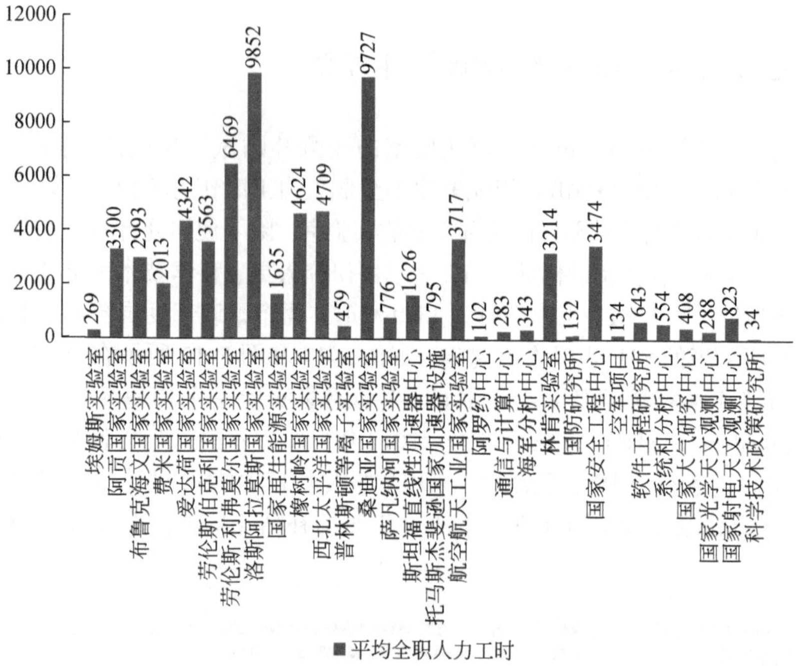

图 5-15　2010 ~ 2012 财年能源部、国防部和国家科学基金会下属国家实验室平均全职人力工时

注：参考美国审计部署（GAO）的 Reviews of employee compensation and center performance。

四、美国国家实验室的薪酬评估机制

（一）美国能源部下属国家实验室的薪酬评估机制

1. 高层管理人员的薪酬补贴评估

国家能源部每年都会对实验室的高层管理人员和其他雇员的薪酬补贴作评估。在评估中，实验室的高层分为两类：①实验室主任；②其他高层管理人员。2014 年 5 月以前，工作人员将高管的报酬和福利发放分开评估。

1）实验室主任。每年实验室都会递交关于实验室指导的报酬的审核表给能源部，这份审核表包括了薪酬、福利和其他奖励等。审核员根据规定进行审核，评估是否能通过。

2）其他高层管理人员。审核员只在一开始制定合同或雇佣高层管理人员时，对记录有其薪水、福利和其他奖励的表格文件进行评估，再决定是否通过。之后，审核员每年仍对对第二类管理人员的报酬进行评估，表现在审核通过合同承包方向能源部递交的《增加补贴计划》（compensation increase plan），其内容包括了实验室所有雇员的补贴发放。这份计划并未包括某一高管的薪水、福利和其他奖励的补贴，而是将之归在特定的群组或类别中，审核员依据上限计算实验室主任的所有补贴，然后再据此预测其他高管的补贴。

2014 年 5 月，能源部对高层管理人员的补贴政策做了调整，要求对实验室主任所发放的薪酬和福利除了审核还必须作相应记录。至于增加补贴计划中的其他高管人员，能源部规定其补贴必须低于实验室主任的报酬。能源部将实验室主任的报酬设定为每个实验室的最高报酬，并要求实验室必须上报其发给高层管理人员的津贴和奖金。

2. 实验室其他合同雇员的补贴

国家实验室的合同雇员若要求增加薪酬，需通过上述《增加补贴计划》进行申请。计划应包括对雇员要求的支持信息，如实验室某类合同雇员的平均补贴与市场上类似工作的报酬的对比。例如，橡树岭国家实验室的《增加补贴计划》中，将实验室的行政人员和管理人员的平均报酬与市场上相似的职位进行对比。能源部的工作人员会根据《增加补贴计划》的提议，以及实验室提供的薪水调查数据，对其进行评估，确保经费的合理开支，同时使雇员补贴与市场的平均工资保持适当的可比性。同时，工作人员还会审查实验室提交的年度报告，这份报告中包括了实验室对不同类别雇员的补贴发放的实际情况，确保其与之前所通过的《增加补贴计划》相一致。

（二）国防部下属实验室

国防部依靠国防合同管理机构（Defense Contract Administration Agency，DCAA）审计其资助的实验室的高层管理人员和其他雇员的补贴。国防合同管理机构和国防合同管理协会（Defence Contract Management Association，DCMA）审查相关实验室的所有报酬和福利。

1. 高层管理人员的薪酬补贴评估

国防部依靠国防合同管理机构对实验室雇员补贴的记录进行审查。国防合同管理机构回顾性地评估包括高层在内的所有管理人员的补贴，与其他雇员分开评估。国防合同管理机构利用审计文件，协作审计人员完成工作。该机构对比了实验室管理人员的补贴是否较之前有明显变化，是否符合补贴的合法上限。这个审计工作中的一个重要环节，就是审核合同承包方所记录的发放给管理人员补贴的明细，包括报酬和福利明细，审查计算的管理人员的补贴是否合理。国防合同管理机构也需要其他负责补贴审计的团队的协助。这个团队的审计员参照 FAR 的津贴标准，审计发放给管理人员的补贴是否合理合法。

2. 实验室其他合同雇员的补贴

除了审核补贴是否不超过合法上限之外，国防合同管理机构也依据 FAR 的津贴合理性标准，对包括管理人员在内的单个雇员或不同类别的雇员的补贴发放进行了评估。FAR 要求补贴的发放应该合理，如补贴应与有相似实践和规模的公司和工厂等保持一致性。审计分析补贴花费的合理性是每年国防部和国防合同管理机构成本审计的重要内容，也是合同谈判过程中的重要环节。专业的审计团队通过确认管理人员的补贴金总额，将之与市场上相似的公司进行对比，评估补贴的合理性。合同管理局也会审计其他类别的雇员的补贴情况，评估整个补贴系统和补贴管理系统是否合理，是否存在潜在的不合理补贴。同时，国防部也会利用国防合同管理协会去评估其资助的实验室中，合同承包方花费的间接成本，包括退休金和其他福利成本。

（三）国家科学基金会下属实验室

国家科学基金会资助的实验室中，大部分实验室不遵循联邦补贴上限规定，因为这些实验室是通过合作协议而不是合同进行运作的。但是，从国家科学基金会的报告中可以看出，其下四个实验室的高层管理人员中，没有一个补贴是超过联邦补贴上限规定的。国家科学基金会也对其资助的实验室的补贴发放设立了审查程序。国家科学基金会所资助的实验室中，有一个是依据签订的合同进行运作的，基金会利用国防合同管理机构对其管理人员的补贴发放进行审计，同时，对其他实验室的雇员的补贴，也有不同的审查方式。

1. 高层管理人员的薪酬补贴评估

国家科学基金会对其资助的四个实验室的管理人员补贴发放有不同的审查程序。其中，科学技术政策研究所是唯一一个通过合同雇员运作的实验室，其补贴的发放需要遵循联邦政府上限规定，由国防合同管理机构进行审计。其他三个实验室是通过合作协议运行，所以上限规定对其并不适用。但是，合作协议要求实验室指导的工资发放必须经由国家科学基金会同意。

2. 实验室其他合同雇员的补贴

基金会对资助的实验室的其他合同雇员的补贴，有多种审查方式，包括在合同或协议签署前以及生效后，都会对补贴进行相应审查。基金会资助的科学技术政策研究所是通过签署合同而进行运作。基金会在评估其补贴时，通过审查每年实验室的补贴等级而进行，确保补贴公平合理。此外，他们还利用国防合同管理机构对其补贴进行审计，所采用方式与该机构审查国防部资助的实验室的方式相同。而对于通过合作协议运营的其他三个国家实验室，基金会在通过合作协议之前，会先审核对方提供的补贴成本预算样本。例如，基金会最新资助的 NCAR，在通过合作协议之前，国家科学基金会办公室就对 NCAR 的预算和财务能力进行审计，包括总的补贴计划，相应的薪酬等级，实验室经营者确定补贴等级的程序和退休金以及医疗福利等。

根据美国国家审计署的调查，2011 财年国家能源部、国防部和国家科学基金会下属国家实验室的领导层每年所得的最高薪水在 200 000～600 000 美元，如图 5-16 所示。

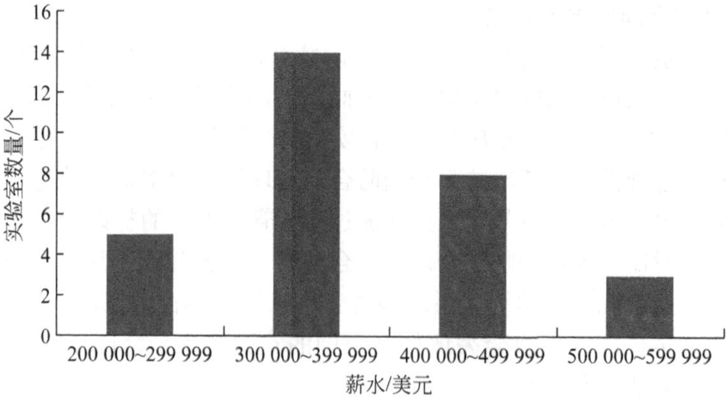

图 5-16　2011 财年三大机构下属国家实验室中领导层最高薪水分布图

数据来源：GAO analysis of agency reports of contractor and agency data. GAO-14-593。

第三节　本章小结

国家实验室经费来源多样，以联邦政府资助为主，地方政府和私营企业的经费作为补充。国家通过在不同领域的资金投入体现其政策导向。联邦政府的资助，占国家试验室经费总额的90%以上，体现了国家实验室主要为国家服务的性质。联邦政府以资金作为科研导向，不同领域资金投入，体现了联邦政府在政策上的侧重点。除联邦政府资助外，实验室在确保不影响其履行国家任务的前提下，可以为其他部门和企业提供技术服务，开拓其他资金来源。多样化的资金来源为国家实验室科研和开发活动提供了较为充足的资金，同时也增强实验室应对不同挑战的能力。

美国国家实验室在经费管理上相对成熟，形成了一套从预算、审批到应用的自上而下的资金管理体系。国家实验室的预算审批需要经历国会、部委、项目办公室、承包商或合作方，各个机构在这个过程中相互配合，职责明确，形成一个纵向的有机整体。国会在每个财政年提出预案并进行审批和下拨，为国家实验室提供资金保障。各部委管辖其下属的国家实验室，对承包方和国家实验室的工作进行监督，通过对资金预算的审批和分配监管预算资金的使用，确保其用途符合各部委的任务需求。承包方或合作方依据其与各部委所签订的合同或合作协议，根据任务和项目对资金的使用进一步细化，同时保证为实验室提供必要的资金和物质支持。国家实验室利用其所获得的资金支持开展科研和开发活动，完成其使命。

在这个过程中，相应的法律法规的限定和程序指导，确保了资金管理的规范性、严谨性和有效性。例如，《联邦政府采购条例》第35.017条款①对国家实验室的发起方、运营方和国家实验室本身的职责作了明确的定义，规定资助协议必须包括资产处理、资金的使用和分配方面的内容。再如，在能源部预算资金下拨的过程中，项目办公室对资金的使用进行项目编码，有利于追踪和监控资金的使用，减少后期资金管理混乱的问题。

涉及经费的行为都有相应的审查程序和评估反馈机制，有效避免科研经费被滥用。例如，在薪酬补贴的发放上，不同机构对其下属的实验室的不同类型的工作人员有着不同的审核程序，其针对性强，涉及范围广。各部委设立反馈机制，对实验室的绩效进行评估，通过实验室进行全面评估、年度绩效考察和日常监督，对国家实验室的表现、能力、成果和成本等做出评估，作为与承包方或合作方继续签约的重要参考依据。

总体上，美国国家实验室在经费管理上较为严谨和规范，有利于实验室开展科研和开发工作。但是，美国国家实验室在经费管理上也存在一定的问题。在多年的发展中，联邦政府形成过于繁琐的法律法规和程序指导，也在一定程度上限制了实验室工作的开展。预算资金下拨过程繁琐、资金分配过于细化、使用限制过多，都不利于国家实验室发挥自主性和灵活性。能源部预算资金下拨过程中采用的“雾化预算”方式，将预算资金具体分配到每个资金“桶”，经由国会、能源部和承包商层层控制，资金越来越细化，资金“桶”

① Federal acquisition regulation，35.017-7，FAC2005-17，2007年6月14日。

呈爆炸式增长。资金雾化的过程，导致预算资金下拨程序更加繁琐，行政成本增加，实验室报告任务加重，资金使用的条框增加，灵活性减少，最终导致实验室的效益和效率降低，阻碍实验室任务的完成。

美国国家实验室制度较为成熟，其拥有的经验和存在的问题对于我国建设国家实验室都具有借鉴意义。在资金来源上，我国可以采取国家赞助、多渠道融资的方式，使科研经费来源更加多样化。国家赞助为实验室运营奠定物质基础，多渠道融资可以增强实验室与外界的交流，提高实验室应对不同挑战的能力。在经费管理上，国家实验室的经费管理应该充分服务于其目的和任务，通过足够的资金预算，使其能满足实验室运营需要、管理需求和研发需要。通过具体的法律法规和程序指导，使国家实验室的运营有法可依、有规章可循，保证资金合理分配和使用。在薪酬管理上，科研人员的薪酬应该具有一定的竞争性，应充分反映个人的劳动付出。对于科研人员所申请的项目资金，应该减少干预，简化报销和审批程序。在具体实践中，应该适当整合资源，简化程序，提高经费拨款的效率，延长拨款有效期，精简评估反馈机制。

第六章　美国国家实验室的监管评估体系

国家实验室的监管评估体系涉及实验室所有主要的运营活动，包括科技项目的运行、财务管理、薪酬人事、设施建造、环境保护、安全生产，国家安全和对外合作等，核心目的是为了对实验室的运营风险进行识别、控制和管理。

美国国家实验室监管评估从主体来看，包括实验室内部机构和实验室外部机构。其中，实验室外部监管评估是重点，外部机构可以进一步分为能源部的本地监管机构、能源部的非本地监管机构以及能源部之外的机构。

监管评估的目的包括缓解风险、有效管理、质量保证和合法合规。各个内外部监管评估主体的侧重点有所不同。其中实验室内部监管评估的目的包括缓解风险、有效管理和质量保证三项；实验室内部机构不能对是否合法合规进行自我认定，所以合法合规不可能是实验室内部机构的评估目的。其中，有效管理是实验室内部监管评估的核心目标。能源部本地和非本地监管机构的侧重点为缓解风险、质量保障和合法合规，不对实验室的有效管理进行监管评估。能源部外部评估机构主要侧重缓解风险和合法合规。各个监管评估的主体的评估目的和具体包含的机构见表6-1。

表6-1　对实验室进行监管和评估的各个主体及其监管评估目的

项目		实验室内部评估机构	实验室外部机构		
			能源部的本地监管机构	能源部的非本地监管机构	能源部之外的评估机构
证估目的	缓解风险	√	√	√	√
	有效管理	√			
	质量保证	√	√	√	
	合法合规		√	√	√
包含机构		M&O合同商	驻地办公室	能源部监察办公室	国防核设施安全委员会
		实验室管理层	支持中心	其他能源部总部办公室	美国国家审计署
		独立第三方机构			州政府和地方政府
		内部审计办公室			其他联邦机构
		质量保证办公室			标准化组织（如ISO）

注：评估目的可以分为缓解风险、有效管理、质量保证和合法合规四项。打√表示评估主体的评估目的涉及该选项，如实验室内部机构的评估目的包括缓解风险、有效管理和质量保证三项；实验室内部机构不能对是否合法合规进行自我认定，所以合法合规不可能是实验室内部机构的评估目的。

国家实验室的监管评估机制以实验室内部机构监管评估和本地监管为主，非本地监管为辅。本地监管是指由常设在实验室内部的能源部外派机构进行的日常性监管活动，主要负责机构为驻地办公室（Site Office）和支持中心（Support Center）；非本地监管是指由能源部总部和能源部内设机构进行的周期性监管活动，非本地监管通常要借助本地监管来实现。随着合同质量保证系统的建立和成熟，监管评估主体可以直接从该系统中采集信息和数据，实验室本地监管机构的评估工作开始减少和弱化。

第一节 实验室内部监管评估

首先，各个实验室针对运营风险计划内部评估流程。然后，将内部评估计划提交给驻地办公室和能源部监察办公室，由这两个办公室核准并与其他评估进行交叉对比，避免重复评估①。最后，实施评估。具体实施评估的实验室内部机构包括质量保证办公室，内部评估办公室，内部审计办公室等。本书以费米国家加速器实验室和布鲁克海文国家实验室为例进行具体说明。

一、费米国家加速器实验室的内部监管评估

费米国家加速器实验室（Fermi National Accelerator Laboratory）设置了一个质量保证理事会，该理事会每月会面一次，对管理系统进行审查。实验室针对 16 个特定问题分别建立一个管理系统，每个管理系统常设一名管理员。管理员的任务是保证管理系统能够根据变换的运营环境、法律法规和外部要求进行更新。每年质量保证理事会和驻地办公室以及能源部监察办公室共同设计实验室的内部评估流程②。

二、布鲁克海文国家实验室的内部监管评估

与费米国家加速器实验室相似，布鲁克海文国家实验室（Brookhaven National Laboratory）针对 30 个特定问题分别建立一个管理系统，每个系统管理员制作一份特定问题的最高风险清单，并提交给实验室内部的评估支持中心。该支持中心在这些清单的基础上形成一系列预评估计划，并与驻地办公室合作筛选出最终评估计划，最后实验室根据最终评估计划所需的资源调配人手，具体执行计划。

为了保证实验室 30 个管理系统的有效性，布鲁克海文国家实验室的驻地办公室对每一个管理系统进行风险缺口分析，以识别出管理系统的优势和不足，并帮助实验室做出改进。

在两个例子中，驻地办公室都与实验室建立紧密的联系，帮助实验室提升评估的有效性，并节省评估消耗的资源。实验室内部监管评估和风险管理系统的成功要依靠驻地办公

---

① 数据来源：DOE，Acquisition Guide 70.4，March 2004。

② 数据来源网址为 https：//web.fnal.gov/organization/cas/Pages/default.aspx。

室的信任和帮助，以及实验室自身的公开透明。

第二节　能源部监管评估

一、能源部本地监管和评估

（一）负责本地监管的各机构职责

1. 驻地办公室的职责

本地监管的主导机构是驻地办公室和支持中心，其中驻地办公室是能源部和实验室之间的纽带，承担着监管者和支持者的双重角色。16 个 FFRDC 模式的国家实验室各设有一个驻地办公室①，驻地办公室的作用非常多元化，它是能源部和实验室之间委托代理关系的纽带。虽然能源部可以对实验室下达政策和指令，但是传达和实施必须要由驻地办公室来完成。虽然 M&O 合同的内容是由多个利益相关方来制定，但是管理和修改的工作要由驻地办公室来完成。驻地办公室作为能源部的外派机构，要履行实验室的监管者的角色。同时，驻地办公室作为实验室的伙伴机构，要履行实验室的支持者的角色。各个驻地办公室的规模见表 6-2。

表 6-2　能源部国家实验室和非能源部国家实验室的驻地办公室规模

项目	主要资助机构	管理办公室	全职人力工时
金城驻地办公室	能源部	EERE	13
普林斯顿驻地办公室	能源部	SC	9
托马斯·杰弗森驻地办公室	能源部	SC	12
阿莫斯驻地办公室	能源部	SC	3
布鲁克海文驻地办公室	能源部	SC	27
费米驻地办公室	能源部	SC	15
西北太平洋驻地办公室	能源部	SC	34
阿贡驻地办公室	能源部	SC	25
SLAC 驻地办公室	能源部	SC	11.5
橡树岭国家实验室驻地办公室	能源部	SC	40
伯克利驻地办公室	能源部	SC	19.5
利弗摩尔驻地办公室	能源部	NNSA	83

① 国家核安全局将其称为现场办公室（Field Office），为不引起混淆，统一称为驻地办公室；因为 NETL 采取的是国有国营的模式，所以没有设立驻地办公室。

续表

项目	主要资助机构	管理办公室	全职人力工时
洛斯阿拉莫斯驻地办公室	能源部	NNSA	86
圣地亚驻地办公室	能源部	NNSA	81
合计			459
航天研发中心驻地办公室	国防部	Air Force	0
APL 驻地办公室 *	国防部	Navy	10.5
英雄学院驻地办公室 **	无	无	13
JPL 驻地办公室	NASA	无	31
林肯实验室驻地办公室	国防部	Air Force	0~2

注：数据来源于 CRENEL 报告的第 2 卷。

* UARC 是能源部采取的类似 FFRDC 的一种实验室模式。

* * Draper 是非营利组织所拥有的实验室。

驻地办公室的员工数与所监管的实验室的员工总数的比值在 0.03 ~0.07 上下浮动①。

2. 支持中心的职责

支持中心主要职责是为驻地办公室提供技术支持，并为能源部处理与实验室相关的合同事宜和资金支付工作。除了化石能源办公室外，其余 5 个监管办公室各有一个支持中心，支持中心是能源部外派的运营办公室、商业中心和服务中心等机构的统称，支持中心没有行政权力，其作用是为驻地办公室提供专业技术支持，并帮助能源部处理合同事宜和发放薪水。具体层次关系如图 6-1 所示。

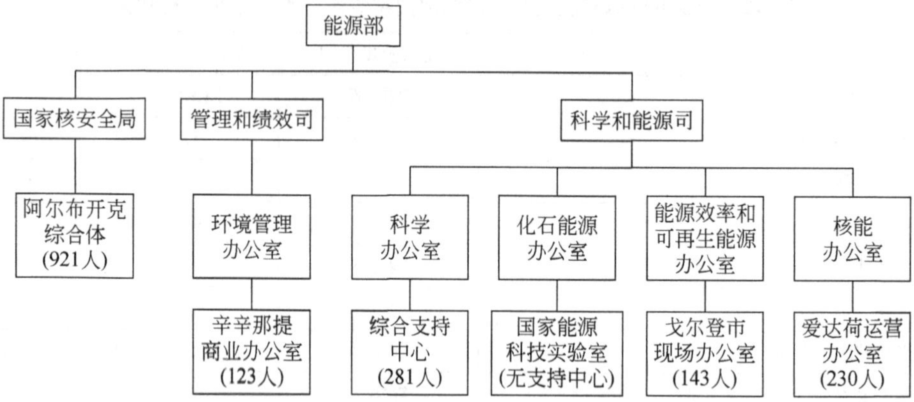

图 6-1 支持中心层次关系图

注：数据来源于 CRENEL 报告数据。

支持中心的规模明显大于驻地办公室，支持中心的员工总数约为驻地办公室的员工总数的三倍。

① 结合各个实验室的年报数据和 CRENEL 报告得出计算结果。Princeton Site Office 的该比值是 0.10，原因是该实验室的规模太小。

（二）本地监管评估机构的主要监管方法

能源部国家实验室使用合同商质量保证系统（contractor assurance system，CAS）[①]，该系统类似于企业使用的质量保证系统或内部控制系统，目的是帮助能源部和合同商的管理层，对实验室的运营风险进行识别、控制和管理。CAS是驻地办公室和支持中心工作观察评估实验室运营情况的可靠窗口，它可以缓解过度监管给实验室造成的负担，同时可以提高实验室运营的绩效，帮助实验室和能源部建立起相互信任的关系[②]。

1. CAS的构成要素

根据能源部第226.1B号命令，CAS系统应满足如下要求。

1）CAS应当对自身的运行流程、主要活动和权责划分进行全面解释。

2）CAS应当设计确保自身有效运行的方法，可以使用的方法包括第三方审计，同行评议，独立评估和外部认证等。

3）CAS应当对自身的重大变化提前通知。

4）CAS应当包含严格的、基于风险的、可靠的自我评估程序。

5）CAS应当发现运行问题并及时矫正的制度。

6）CAS应当是已有的监管系统整合形成的一个综合体。

7）CAS应当对实验室的运行绩效持续反馈。

为了构建完整的CAS系统，还需要明晰各个监管机构的职责，见表6-3。

表6-3　各个监管机构在CAS系统中的职责

组织	作用和职责
能源部总部和计划办公室	建立CAS系统的运行的战略 提升CAS系统的成熟度 利用CAS系统建立基于绩效的监管体系
驻地办公室	建立驻地办公室与实验室的伙伴关系 发挥实验室管理系统和监管机制的积极作用 确保实验室保质保量完成任务 代表实验室与外部机构进行协调沟通 逐步推进合同要求的实施 优化驻地办公室员工人数和结构
支持中心	提供支持给驻地办公室和其他能源部机构
运营点的监管办公室	发挥驻地办公室的现场审查的积极作用 强化现场办公室作为实验室的对外协调者的作用

2. CAS的运行

各个实验室运行CAS系统的方式拥有明显的共同点，可以归纳为“五要五不要”。

---

① 参考DOE Justification Memorandum，“Notice of Intent to Revise Department of Energy Order 226.1A Implementation of Department of Energy Oversight Policy，dated July 31，2007”，2010。

② 数据来源：NAPA，Positioning DOE’s Laboratories for the Future，2011。

1）CAS 要提高实验室绩效，不要加重实验室负担。

2）CAS 要的是结果，不要玩条条框框。

3）CAS 要具体情况具体应用，不要搞绝对主义。

4）CAS 要覆盖实验室运营的方方面面，不要留死角。

5）CAS 要的是能源部与合同商的相互信任，不要相互怀疑。

例如，阿贡国家实验室的辐射防护计划曾多次违反《美国联邦法规》中的相关规定，导致该计划无法顺利进行。为了解决这个问题，科学办公室用CAS系统代替传统的监管模式，帮助实验室应对法规挑战，逐条改进运行操作惯例，最终使实验室符合相关规定，提升了绩效表现。

（三）本地监管评估机构的评估流程和方法

驻地办公室既参与实验室的内部评估，也会独立地对实验室进行评估。与实验室的内部评估不同的是，驻地办公室主要对发生可能性高、预期损失大的风险进行评估。

本书以太平洋西北国家实验室（PNNL）的驻地办公室（PNSO）为例来研究说明本地监管机构如何对国家实验室进行评估。驻地办公室分三个阶段对太平洋西北国家实验室（PNNL）的运营风险进行评估。

第一阶段，PNSO 利用风险评估坐标系确定各种风险发生的可能性和预期的损失两个维度的分值，将两个分值相乘得出控制前的风险评估必要性的指标，然后选出该值较大的风险。风险评估坐标系如图 6-2 所示。

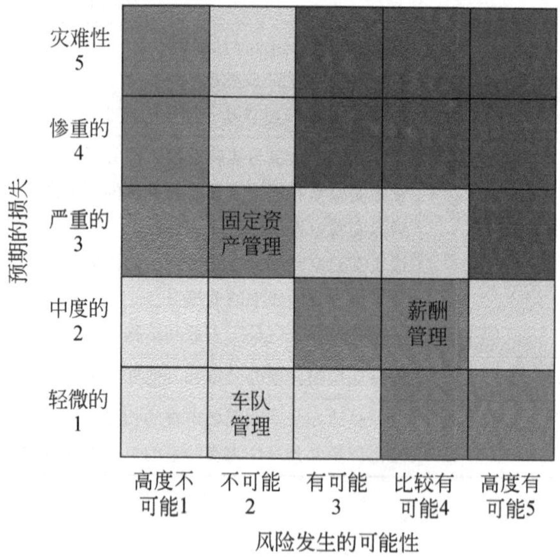

图 6-2　风险评估坐标系

根据颜色顺序，从蓝色、绿色、黄色到红色，进行评估的必要性逐渐增加。例如，车队管理，风险发生的可能性的评分为不可能，对应分值为 2，预期的损失的评分为轻微的，对应分值为1，综合得分为2乘以1得2，那么驻地办公室就没有必要对其进行评估；再如薪酬管理，风险发生的可能性的评分为比较有可能，对应分值为4，预期的损失的评分为中度的，对应分值为2，综合得分为4乘以2得8，那么驻地办公室有必要考虑对其进行评估。

第二阶段，选定了需要评估的风险后，PNSO要求实验室提出初步控制方案，然后对风险发生的可能性和预期的损失进行再打分，得出控制后的风险评估必要性的指标。

第三阶段，PNSO利用风险评估价值表将这些风险细分为五个维度进行打分，分别为历史表现、相互信任、近期改革、风险控制和外部因素，每个维度从1～5打分，分值越高说明风险关注度越高，然后将五个分值平均加权得到综合风险关注度的指标，最后将风险关注度乘以控制后的风险评估必要性得到风险评估价值系数的指标，该系数值在0～41浮动①，系数值越大，评估越有必要和价值。风险评估价值系数的计算公式为

$$\begin{aligned}\text{风险评估价值系数} &= \text{控制后的风险评估必要性} \times \text{综合风险关注度} \\ &= \text{控制后的风险发生的可能性} \times \text{控制后的预期的损失} \\ &\quad \times \sum \text{风险关注度}/5\end{aligned}$$

风险评估价值表见表6-4。

表6-4　风险评估价值表

项目名称	项目描述	控制前			控制后			风险关注度						风险评估价值系数
		风险发生的可能性	预期的损失	控制前的风险评估必要性	风险发生的可能性	预期的损失	控制后的风险评估必要性	历史表现	相互信任	近期改革	风险控制	外部因素	综合风险关注度	
单独作业	单独作业受伤	4 栗色	3 黄色	12 黄色	2 绿色	3 黄色	6 绿色	1 蓝色	5 红色	2 绿色	1 蓝色	1 蓝色	2 绿色	12 蓝色

表6-4中，每一列的数值都用蓝色、绿色、黄色、栗色、红色五种颜色标记，越后面的颜色表示数值越高。具体来说，单独作业的风险是指单独作业受伤，控制前的风险评估必要性为12，标记为黄色；控制后的风险评估必要性下降至6，标记为绿色；综合风险关注度为2，标记为绿色；控制后的风险评估必要性乘以综合风险关注度得风险评估价值系数为12，该值较小，标记为蓝色。

① 数据来自CRENEL报告。

二、能源部的非本地监管和评估

能源部的非本地监管机构代表机构有能源部监察办公室和能源部评估办公室，两个机构对实验室的监管评估领域各有差异。

（一）监察办公室的职能

能源部监察办公室有四个独立的职能：① 第一个职能是执行并指导与计划和运营相关的审计和调查。第二个职能是提升能源部活动的经济性（降低活动成本，提升经济效益）、有效性（保证活动目标和方案的正确）和效率（加快速度，减少失误）。第三个职能是防止和发现计划和运营中的欺诈行为和权力滥用。第四个职能是为国会提供有关能源部活动的信息和调查，并提出改进方案。②

能源部监察办公室设有审计监察处和调查处，审计检查处负责审核实验室的计划和运营情况，调查处负责对实验室计划和运营中可能存在的欺诈行为、资源浪费和权力滥用进行调查。能源部监察办公室还设有10个实验室现场办公室，以配合执行相关工作。

（二）评估办公室的职责

评估办公室于2014年成立，主要职责是对实验室的守法情况、网络安全、环境、安全、健康、对外扩展进行监管评估③。与监察办公室相比，评估办公室有两点不同。首先，评估办公室监管的主要对象是包含核设施的实验室；其次，评估办公室采取的监管方式是定期组织大规模的专家技术团队独立收集实验室的相关运营信息，而监察办公室更多的是直接使用实验室提供的信息。这些特点使评估办公室弥补了驻地办公室、监管办公室等其他监管机构缺少技术专家而无法独立全面地进行监管的缺陷，不过评估办公室自身的运营成本也相对较高，对人才的要求也更高。

第三节 能源部之外的监管评估

国防核设施安全委员会和美国国家审计署是参与实验室评估的能源部之外的最重要的机构。国防核设施安全委员直接向美国总统和国会负责，是美国唯一的核安全和核设施监管机构，委员会的评估对象只包括拥有核设施的能源部实验室，这点与能源部评估办公室类似。美国国家审计署代表美国国会对政府机构的运行进行审计评估，根据审计对象的不

---

① 数据来源：5 U. S. C. App. 3。

② 数据来源：DOE Order 224. 2A，Auditing of programs and operations，2007。

③ http：//www. energy. gov/ea/office-enterpriseassessments。

同设有多个工作组，为了应对科研机构的评估工作，美国审计总署通常会邀请外部专家参与评估。本书以 CRENEL 报告为例，具体说明外部评估的主要目标和执行方式。

美国国会通过《2014 年综合拨款法案》（公法备案号 113-76），要求能源部部长建立一个独立的委员会对美国能源部国家实验室的有效性进行审核。在该法案中，国会要求该委员会对 17 个能源部国家实验室进行审核，审核的内容可以概括为 7 个基本问题（图 6-3）。2014 年 5 月能源部部长正式建立了一个由 9 名杰出人士组成的委员会（Commission to Review the Effectiveness of the National Energy Laboratories，CRENEL），2015 年 10 月 CRENEL 提交了最终报告。

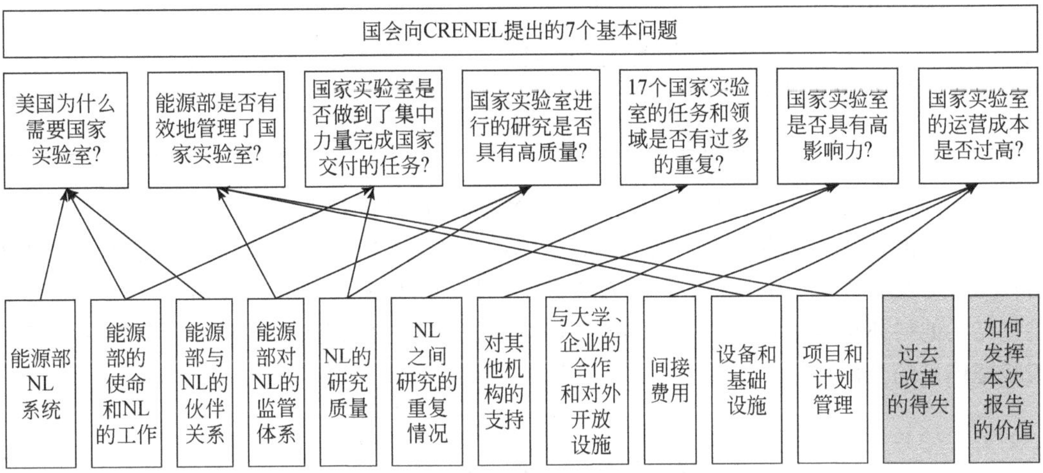

图 6-3 CRENEL 报告回应国会提问的结构

注：NL 表示国家实验室。

国会向 CRENEL 提出的 7 个基本问题其实就是国家实验室监管机制和评估体系的核心目标，包括美国为什么需要国家实验室，能源部是否有效管理了国家实验室，国家实验室是否完成了政府交付的任务，国家实验室进行的研究是否具有高质量，各个国家实验室的任务和领域是否存在过多重复，国家实验室是否具有高影响力，国家实验室的运营成本是否过高。

上述七大问题可以概括为对国家实验室体系评估的六个一级指标，分别为国家实验室的价值、资助机构与国家实验室的关系、国家实验室的研究水平、国家实验室的学术影响力、国家实验室的管理水平以及国家实验室体系的自我革新能力。CRENEL 报告并分别对上述问题作了具体的细分，形成了评估国家实验室体系的二级指标（表 6-5）。

表 6-5 CRENEL 对能源部国家实验室体系的评估体系

一级指标	二级指标
国家实验室的价值	能源部国家实验室体系的完整性
	能源部的使命与其下属国家实验室工作的相关性
资助机构与国家实验室的关系	能源部是否构建了对国家实验室的有效监管体系
	能源部是否与国家实验室建立起有效的资助关系

续表

一级指标	二级指标
国家实验室的研究水平	国家实验室研究成果的影响力
	国家实验室之间是否存在重复研究
国家实验室的学术影响力	国家实验室对其他研究机构的支持程度
	与大学、企业的合作
	研究基础设施的对外开放共享程度
国家实验室管理的效率	间接经费的比率
	设备和基础设施的利用效率
	项目和计划管理的有效性
国家实验室体系的自我革新能力	过去改革的得失
	针对改革建议意见的自我修复能力

总体而言，美国审计署对能源部国家实验室体系的外部评估非常全面，既有针对单个国家实验室的评估，又有对整个国家实验室体系的评估；既有对国家实验室研究水平的评估，又有对其管理水平的评估；既有对资助单位与国家实验室关系的评估，又有对国家实验室与其他科研机构关系的评估。因此，可以说能源部外部评估是对整个能源部下属国家实验室体系的全面评估。

第四节　本 章 小 结

美国国家实验室普遍采取“资助单位—运营单位—国家实验室”三层次的治理体系。能源部、国防部等资助单位并不直接参与国家实验室的运营管理，资助单位与国家实验室之间形成了一种“委托-代理”关系。这种委托代理关系要求资助单位加强对国家实验室的监管和评估，既保障运营单位进行灵活管理的权限，又要通过监管和评估保障国家实验室的方向、研究质量和存在的价值。

能源部是美国资助国家实验室个数最多、规模最大、经费最多的部委，构筑起了实验室内部监管评估、能源部本地和非本地监管评估、能源部外部监管评估的三层监管评估体系。这种监管评估体系有效保证了国家实验室体系的运行效率和其自身的个性能力。但是，近年来出现了监管评估机构更多介入国家实验室日常管理的情况，国家实验室的管理体系不断向联邦机构的管理体系转变。这限制了运营管理的灵活性，同时因为没有操作自主性，导致承包商管理者的问责机制形同虚设，使得国家实验室的创新缺乏灵活性。美国国家实验室监管评估体系的优势和问题对中国在构建国家实验室监管评估体系具有很好的参考和借鉴意义。

第七章　美国著名国家实验室的介绍

第一节　洛斯阿拉莫斯国家实验室

一、实验室概况

洛斯阿拉莫斯国家实验室（Los Alamos National Laboratory）隶属于美国能源部，是世界上最大的科学和技术研究机构之一，其概况见表7-1。

表7-1　洛斯阿拉莫斯国家实验室概况

项目	内容
成立时间	1943年
员工人数	共有9779人，其中43%的员工居住在洛斯阿拉莫斯
2015年财政预算	22亿美元
知名科学家	1995年诺贝尔物理学奖获得者弗雷德里克·莱因斯
设施概况	2000多个单体设施，47个技术区域，总面积为800万平方英尺*，固定资产价值为98亿美元
获奖情况	自1978年来，共有132项目技术专利获得全美研发技术年度百强奖； 31位劳伦斯奖获得者； 西博格奖章； 爱德华·泰勒奖章做42个实验室的总的技术百强数据统计

*1平方英尺≈0.0929平方米。

洛斯阿拉莫斯国家实验室（LANL）简称阿拉莫斯实验室，成立于1943年，是美国两大核武器设计实验室之一，世界上第一颗原子弹就诞生于该实验室。阿拉莫斯实验室位于新墨西哥州的洛斯阿拉莫斯，隶属于美国能源部，由洛斯阿拉莫斯国家安全公司（Los Alamos National Security，LANS）运营和管理（图7-1）。

（一）人员构成概况（Profile of Staff）

阿拉莫斯实验室不仅员工数量庞大，而且员工结构多元化，根据2014年5月的统计数据显示，实验室人员构成概况如图 7-2 和图 7-3 所示。

图 7-1　实验室设施

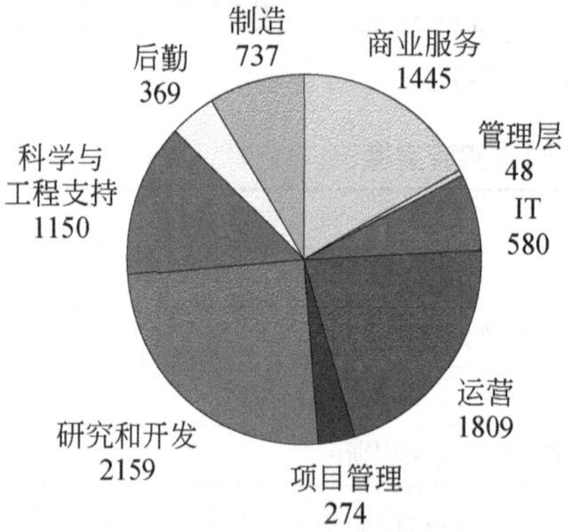

图 7-2　人员部门构成

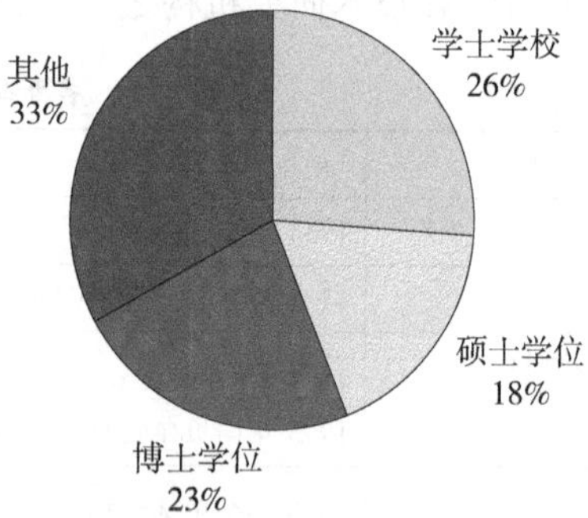

图 7-3　人员学位构成

实验室科研人员平均年龄为 46 岁，男性占比为 67%，女性占比为 33%。实验室员工中有 31% 是曾在实验室就读的学生或博士后，研发部门的这个比例更是高达 53%。

（二）资金情况（Funding）

阿拉莫斯实验室 2012 年的财政预算约为 22.42 亿美元，其中超过三分之二的资金来自于美国国家核安全管理局（National Nuclear Security Administration），这部分资金主要用于核武器项目，限制核武器和核原料扩散的项目（防止核扩散）和保护实验室安全的项目（安保和稳定）。其余资金来自于能源部科学办公室，能源部核能项目，国土安全部、国防部和其他国家安全机构，以及能源部环境管理办公室（图 7-4）。其中，来自能源部环境管理办公室的资金专用于清理和修复曼哈顿计划和冷战期间遗留下的危险性废物和放射性废物。

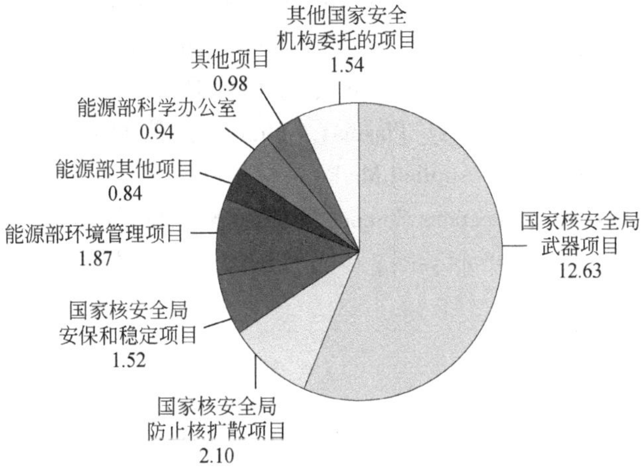

图7-4　2012年根据资助项目划分的财政预算明细（单位：亿美元）

二、任务领域和研究

阿拉莫斯实验室的宗旨是维护美国的核威慑力的安全性、稳定性和可靠性。其以保护美国国家安全为首要目标，实验室将研究领域拓展至核不扩散和边境安全，能源和基础设施安全，以及核威胁和生化恐怖威胁的应对，并形成了四大科研支柱。

（一）四大科研支柱（Science Pillars）

1）应用于预测的信息，科学和技术［information，science，and technology for prediction（IS&T）］。推动高性能计算的理论、算法和指标的进步，以提升科学方法的综合能力和预测能力。具体细分为三个领域：以高性能为基础的协同设计；大规模数据科学；复合网络。

2）未来材料（materials for the future）。通过探索性科研和工程预测、控制甚至创造材料的功能和性能，使材料更好地应用于国家安全项目。具体细分为三个领域：缺陷与连接；极端环境；突发现象。

3）识别科学［science of signatures（SoS）］。解决全球安全、核防御、能源和健康领域最困难的系统识别与鉴定问题。革新针对特定威胁的特征的测量技术，实现快速、有效地识别和鉴定各类威胁。

4）未来核与粒子科学（nuclear and particle futures）。整合核试验、理论和模拟技术，以理解和设计复杂的核现象。具体细分为三个领域：核与粒子科学、天体物理学、宇宙学；应用核科学与工程；加速器和电动力学。

（二）实验室的主要能力（Major Capabilities）

实验室的主要能力包括：

加速器，电动力学（Accelerators，Electrodynamics）；生物科学，包括生物能源、生物安全和健康（Bioscience，include Bioenergy、Biosecurity and Health）；地球科学，空间科学（Earth，Space Sciences）；能源科学（Energy）；工程科学（Engineering）；高能量密度等离子体，流体（High- Energy- Density Plasmas，Fluids）；信息科学，计算，应用数学（Information Science，Computing，Applied Math）；材料科学（Materials Science）；国家安全，武器科学（National Security，Weapons Science）；核物理和粒子物理，天体物理学，宇宙学（Nuclear & Particle Physics，Astrophysics，Cosmology）；传感器，仪器仪表系统（Sensors，Instrumentation Systems）。

（三）设施（Facilities）

实验室的主要设施包括：

集成纳米技术中心（center for integrated nanotechnologies）；双轴放射成像流体动力学试验场（dual axis radiographic hydrodynamic Test Facility）；电子显微镜实验室（electron microscopy lab）；同位素生产设施（isotope production facility）；洛斯阿拉莫斯中子科学中心（Los Alamos neutron science center）；卢汉中心（Lujan center）；极端条件下的物质辐射交互作用实验室（matter-radiation interactions in extremes，MaRIE）；极端条件下强磁力国家实地实验室（extremes national high magnetic field laboratory）；质子放射成像实验室（proton radiography）；三叉戟激光设施（trident laser facility）；超低温中子实验室（ultracold neutrons）；中子武器研究设施（weapons neutron research facility）。

三、组织结构和治理结构

LANS 公司依据阿拉莫斯实验室与美国能源部国家核安全局签订的主合同，对实验室进行运营和管理。LANS 公司由四个顶级的伙伴机构构成：①柏克德国营公司（Bechtel National）；②加利福尼亚大学（University of California）；③BWXT 政府集团股份有限公司（BWXT Government Group，Inc.）；④艾奕康下属的 URS 公司（URS，an AECOM company）。

这四个伙伴机构在核防御项目、科研开发、大型设施管理和应用科学技术应对国家安全挑战上有着丰富的经验。如果将它们所获得的成就和奖励加总在一起的话，那么科学界和企业界都没有其他组织可与之比肩。四个伙伴机构通过组成理事会和委派职能经理的形式对阿拉莫斯实验室的绩效表现进行监管，确保实验室的资源得到充分利用。

（一）能源部的监管模式（Oversight of DOE）

LANS 与能源部最新的合同签订于 2006 年，预计于 2017 年 9 月到期。该合同规定，如果 LANS 在合同期内绩效优异，可以得到最多 13 年的合同延长奖励，目前已经延长 4 年，所以合同最晚将于 2026 年到期。

根据该合同，政府支付 LANS 运营实验室和项目的所有经过许可的成本。此外，政府每年对 LANS 进行一次绩效评估（performance evaluation plan，PEP），如果 LANS 有效完成了绩效评估所列的目标，可以得到额外的奖励经费。奖励经费可用于支付未经许可的成本，涉及的范围大到雇佣和保留世界顶级科学家和工程师，小到每年一次的员工野餐会。

能源部国家核安全局完全拥有阿拉莫斯实验室，实验室的土地、建筑、设备都属于联邦政府的财产。实验室花费在联邦项目上的金额不得超过美国国会授权和批准的额度，同时实验室只能执行由国家核安全局或其他政府机构批准、指派的工作。

在组织运营方面，对实验室的监管主要由国家核安全局负责，能源部也会进行部分监管。在环境问题方面，实验室受新墨西哥州环境部和美国国家环保局的监管。

（二）组织结构图（Organizational Chart）

阿拉莫斯实验室组织结构图如图 7-5 所示。

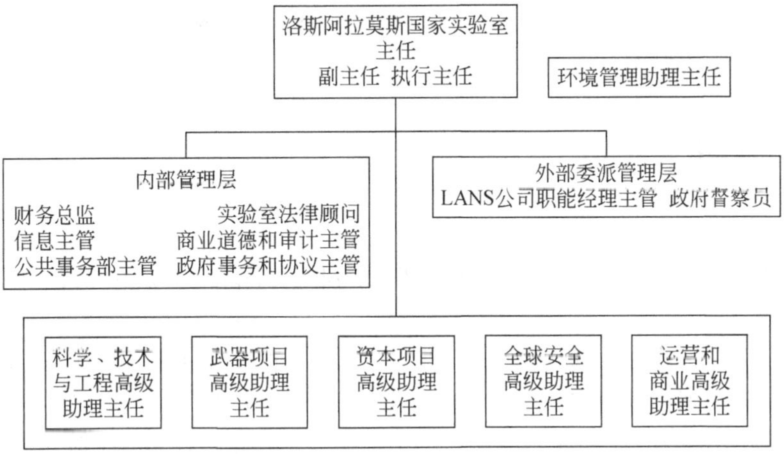

图 7-5　阿拉莫斯实验室组织结构图

（三）治理结构图（Governance Chart）

LANS 公司董事会由来自伙伴机构的执行董事和顾问，以及来自科学界、学术界、政府安全部门和企业界的领袖担当的独立董事构成。执行董事、顾问和独立董事三方都有相应的责任，负责特定的工作。图 7-6 显示了 LANS 公司的治理结构。

执行董事委员会中，主席由加利福尼亚大学的评议员（regent of the University of California）担任，副主席由柏克德国营公司核安全和环境的负责人担任，其余 4 名成员分别来自 4 家伙伴机构中相关领域或部门的负责人。

独立董事委员会中，两名成员来自和国防密切相关的政府部门或公司，另两名成员来自相对独立的其他领域。

顾问委员会中，1 名成员是阿拉莫斯实验室的前主任，1 名成员是柏克德国营公司中政府关系的负责人，1 名成员是擅长政府合同和商业技术领域的律师，1 名成员是柏克德

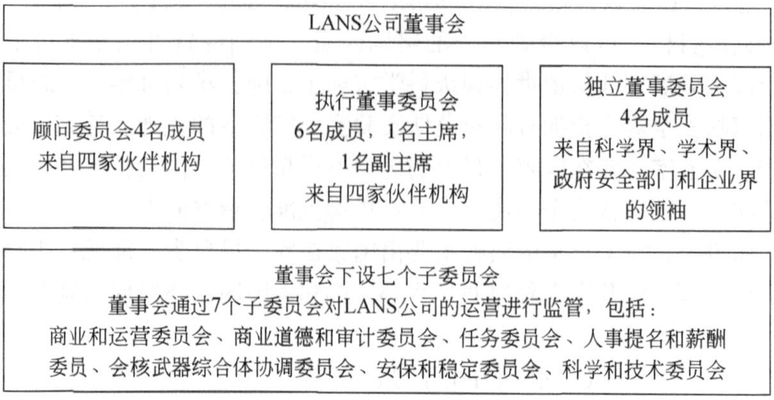

图 7-6　LANS 公司治理结构图

国营公司的前副总裁。

三个委员会分管 7 个子委员会，对阿拉莫斯实验室的主要绩效的各个方面进行监管，并每年发布一次评估报告。

四、科技成果转化

（一）科技成果转化路径和机制（Technology Transfer Path and Mechanisms）

LANS 公司专门成立了理查德 P. 费曼创新中心（Richard P. Feynman center for inovation），以促进阿拉莫斯实验室的科技成果转化。以该中心为主，LANS 公司科技成果转化的一般化路径如图 7-7 所示。其中，橘色板块表示转化路径的六个阶段。

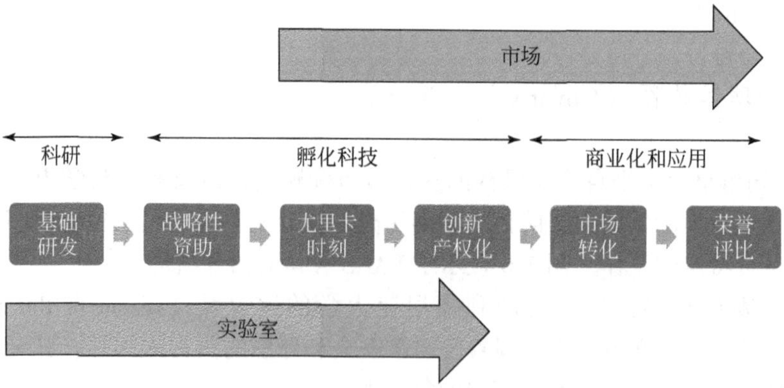

图 7-7　科技成果转化的一般化路径

为了便于美国公司接触由政府资助开发的技术并进行合作，阿拉莫斯实验室使用了多种科技成果转化的机制，如表 7-2 所示。

表 7-2 阿拉莫斯实验室常用科技成果转化机制

协议类型	定义	知识产权权利	实验室资源承诺	企业资源承诺
1. 合作研究与开发协议（cooperative research and development agreement，CRADA）	企业、学术机构及非盈利性组织与 LANL 合作致力于共同的研究活动，是应用最广泛的合作研究机制	协商决定该协议下产生的知识产权权利归属分配	提供人员、设施、设备或其他资源（但不包括资金）	投入人员、设备、服务、材料和资金等一切所需物资
2. 为非联邦机构工作协议（non-federal work for others agreement，WFO）	非联邦伙伴利用实验室独特能力，让实验室从事界定范围的工作或任务清单。它不可能导致实验室与私营部门之间竞争。也称之为一个协议基金，或赞助研究和发展协议	根据能源部弃权的规定，该协议下产生的实验室发明的权利可交给赞助商	可使用实验室的人员、设备、物资和设施	根据当事人双方签字的工作声明，赞助商支付所有为完成实验工作的需要费用（包括人员和材料）
3. 人员交流（PEA，Personnel Exchange Agree-ments）：产业研究员协议（Industrial Fellow Agreements，IFA）	产业研究员协议允许实验室的工作人员在合伙公司工作		实验室和合作伙伴共同分担产业研究员费用	合伙人支付一定百分比的工资；提供办公场所、实验室及相关的维护费用
4. 工业委派协议（industrial assignment agreements，IAA）	IAA 允许实验室工作人员在私营部门工作	所有权利归属都根据谈判协商决定	实验室工作人员的贷款（主题专家）	公司支付实验室委派到公司工作人员的费用（工资和福利）
5. 工业界职员会员协议（industrial staff member agreements，ISMA）	ISMA 允许私营部门的工作人员在实验室工作		办公场所、实验室、及分派到实验室的工业界职员会员的维护费用	公司支付分派到实验室的工业工作人员的费用
6. 用户设备协议（user facility agreement，UFA）	允许来自业界、大学、及其他政府机构的外部用户，利用实验室的独特的实验研究设备和设施进行研究	由用户保留权利	合作伙伴支付使用该设施进行界定范围内工作相关的所有费用	合作伙伴支付使用该设施进行界定范围内工作相关的所有费用

续表

协议类型	定义	知识产权权利	实验室资源承诺	企业资源承诺
7. 保密协议（non-disclosure agreement，NDA）	保护实验室和另一方当事人就具体技术领域在初始互动和讨论时交换的私有信息	不产生任何知识产权	无费用	无费用
8. 谅解备忘录（memorandum of understanding，MOU）	有意获得一项全面协议的各方，为感兴趣的具体技术领域内的技术转移及各方互动和讨论，制定基本规则所签署的无约束力文件	不产生任何知识产权	无费用	

（二）许可证和专利权（Licenses and Patents）

在整个科技成果转化路径中，由 COEDS（copyright disclosure electronic system）和 IDEAS（invention disclosure electronic application system）组成的创新产权化（innovation assets）系统发挥了关键作用。

由 LANL 实验室研发的软件和其他有申请版权资格的成果通过 CODES 公开，专职人员会评估每项成果的知识产权保护需求。从 2011 年建立 CODES 起至 2014 年，共有 684 项实验室成果得到公开。其中，140 项属于可用作商业用途的开源软件代码，116 项获得了许可证。

LANL 实验室的员工只要认为自己的想法或设计是一项新的发明，就可以将其提交至 IDEAS，专职人员会对每个想法和设计进行评估和保护。从 2005 年起，实验室的科学家通过 IDEAS 披露了 2110 项成果。实验室从中选取 1723 项成果提交了专利申请，最终有 315 项成果获得了专利。

（三）经济影响（Economic Impact）

经济影响主要来自直接采购和扶持项目两方面。2011 财年，LANL 实验室购买的商品和服务的总价值超过 9. 18 亿美元，其中大部分订单都来自新墨西哥州。除了本地采购外，LANL 通过创业加速基金（venture acceleration fund）和新墨西哥州小企业扶持（New Mexico small business assistance program）等项目帮助新墨西哥州的小企业和企业家应用实验室的技术和专业知识，发展自己的产品，具体情况见表 7-3。

表 7-3　阿拉莫斯实验室促进地方经济发展的成就概况

项目	统计年限	保留和创造的工作和工资收入	项目收益	帮助吸引的资助和融资	总的投资回报
创业休假和授权许可（eNTREPRENEURIAL lEAVE OF aBSENCE aND lICENSING）	1997～2011 年	270 个 1100 万美元	无数据	3600 万美元	4700 万美元
创业加速基金（venture acceleration fund）	2006～2012 年	68 个 530 万美元	1740 万美元	2530 万美元	4800 万美元
新墨西哥州小企业商业扶持项目（NEW MEXICO sMALL bUSINESS aSSISTANCE pROGRAM）	2000～2012 年	3510 个 11430 万美元	17250 万美元	5960 万美元	34640 万美元

第二节　科技政策研究所

一、实验室概况

为应对全球科技变化的大环境，美国国会于 1991 年创建关键技术研究所，并在 1998 年更名为科学和技术政策研究所。它是一个联邦政府资助的研发中心，并且受美国国家科学基金会赞助。1992～2003 年 11 月 30 日，科技政策研究所一直由美国兰德公司经营，使命是通过客观、独立研究和分析科技政策帮助改善公共政策。该研究所支持科学和技术政策办公室和其他行政部门机构、办公室和议会，帮助科技决策者了解他们在不同政策的决策中可能出现的后果，以提高在公共和私营部门的科技认识，更好地服务于国家。在执行其任务时，该研究所广泛咨询私营行业、高等教育机构以及其他非营利机构的意见。

二、人员构成概况

官网罗列的优秀研究人员有 220 人。STPI 研究团队由工程和自然统计、物理、社会科学等众多科技领域专家组成。

研究所所有人员学位占比为，博士（70%），硕士（15%），法学博士（15%）；学科占比为，人文（8%），工程（29%），经济、社会、政治科学（26%），计算机科学（3%），数学、统计运营研究（6%），生物学（6%），物理学（8%），化学（14%），如图 7-8 和图 7-9 所示。

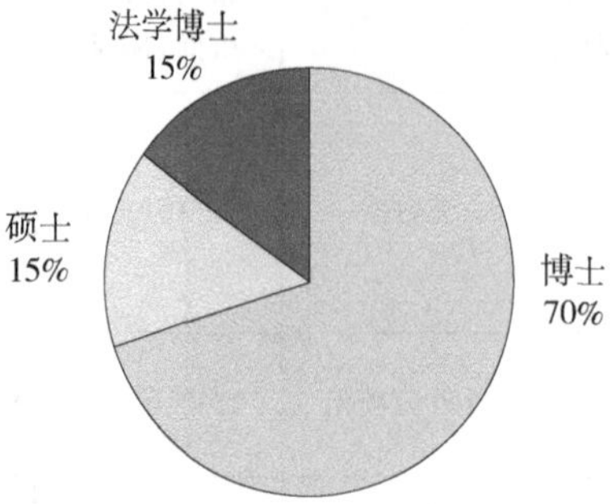

图 7-8　科技政策研究所人员学历构成

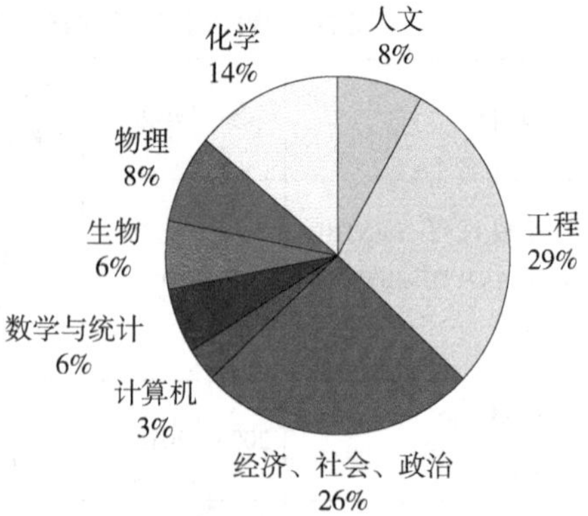

图 7-9　科技政策研究所科研人员领域构成

三、职责和赞助商

STPI 提供科学和技术问题技术分析，包括创新、环境与能源、教育和劳动力、航空航天、生命科学、科学计量学，其职责包括如下方面。

1）研究及时权威的科学重大发展和趋势、美国和国外信息技术研究和开发。

2）分析和解释科学技术研究和发展信息，特别关注跨部门和跨越国界的科学技术研究和开发的投资组合影响。

3）在保证和应用科学和技术发展条件下，着手美国长期替代方案的分析研究。

科学和技术政策研究所的主要发起人是 NSF，NSF 也是研究所经费的主要来源。主要客户是白宫科技政策办公室（OSTP），工作内容主要侧重于支持 OSTP 和其董事。除此之外，STPI 为国家科学基金会（NSF），美国国家航空航天局（NASA），美国国立卫生研究院（NIH），国家海洋和大气管理局（NOAA），能源部，卫生和人类服务部，交通运输部，和其他科学在执行联邦机构美国政府的行政部门提供分析。

四、任务领域和研究

（一）政府经济政策评估

经济研究主要工作是评估政府政策和计划对经济的影响，特别研究如何利用科技促进美国经济繁荣和竞争力。研究旨在最大限度地减少信息不对称性为经济领域带来的决策失误，帮助政府为市场提供给不足的公共物品，调整企业和消费者生产或购买商品和服务的激励机制。

（二）能源项目评估

STPI 协助联邦政府进行能谱分析、能源研究专业差距分析、项目评估、政策分析。此外，STPI 使用创新的成本-收益模型，使各种能源组合的个人成本和社会成本减少。研究所努力突破传统能源项目评估的限制，努力为各类机构和联邦实验室提供预算分析，以及构架性能评价和比较指标体系。

(三) 环境政策评估

自然资源管理：研究环境对公众健康的影响和安全环境构建。气候变化是美国政府关注的主要问题，面对国家科技发展需要以及行为科学研究，诸多环境问题亟待解决，领先研究内容包括减缓和适应气候变化、公共卫生、评价和决策分析，以及政策和风险评估。

在研究方法上，采用了目前 STPI 评价方法和定量决策分析工具来评估环境研究和管理价值，帮助研究者和监管者设定优先顺序。

(四) 科学计量学

STPI 评价方法和科学计量学的研究领域包括以下几个主题：投资组合分析，研究项目评价，系统设计和性能评估。

研发投资组合分析确定在资助交叉或空白区域研究工作，评价的科技资助项目集中在中心机制、价值研究基础设施和研究能力的发展等领域。

科学计量学的活动包括评估数据采集机制的研究报告，分析和设计研究的投资组合工具，评价科研成果的开发方法，提高政府广泛的数据收集和测量能力等。

(五) 信息技术变革的影响及信息技术在关键领域的应用

通过跨专业协作，使信息和通信技术跨越人力、技术的局限。研究技术变革在微观和宏观层次的影响。专家支持和科技政策评估的发展，引导信息通信技术在国内和国际重要的使用领域，如教育、银行、救灾。

(六) 创新影响与国家竞争力评估

研究所创新与竞争力的研究主要是根据研发经费计划，评估科学创新的影响，分析科学技术、工程、数学培训以及劳动力准备对美国的竞争力的作用。该研究有助于评估有关行业的无形资产，测量国家和国际指标并记录得分情况，评估创新领域竞争优势。

研究努力建立一个对理论有更深层次理解的、更好的创新指标。此外，STPI 关注联邦政府在促进研究中心、促进区域创新的研讨会，并在学术界进行投资。

(七) 生命科学相关政策

STPI 的生命科学研究工作是众多学科的交叉，包括生物医学研究、健康科学、组织管理、战略规划。具体工作为：在生命科学项目中，指导专家组，为政府和学术界制定策略。研究思路包括创建定义问题、分析工具、提出问题、沟通协调为需要采取的行动促成共识、培养潜在的解决方案。

（八）国家安全策略研究

科学和技术为国土安全和国家安全奠定坚实基础。除了传统领域，如武器效果和边境保护，STPI 主要研究国内外涉及国家安全如科学外交、教育、经济、能源等领域的政策。

（九）国土防御和国际条约政策研究

STPI 在国家安全和国际事务的研究包括调查技术、基础设施的影响，并关注国土防御和国际条约政策变化。这些研究超越传统学科，研究人员通过咨询广泛的领域专家，包括生命科学领域、历史领域、心理学领域、军队人员、工程师、政治科学家和统计学家，组织在美国和国外包括政府机构、私人企业、学术团体和国家实验室参与到分析当中。

（十）社会及行为科学和教育

社会及行为科学和教育（SBE）的研究对科学和技术政策有着重要的作用。最近和联邦政府共同努力下，借助 SBE 的研究进展，减少暴力犯罪、提高美国科学、数学素质，并普及各级工程教育；同时能够帮助为制定一个有效的可持续发展的社会发展规划。

同时研究所在认知科学、计算网络数据可视化实验方法中，使用统计和驱动创新的方法，为规划者和决策者提供复杂措施的解决方案。

（十一）航天、航空和运输领域经济评估及政策有效性评价

通过对航天、航空、运输研究，评估政治经济成本和效益、联邦政策有效性，探索未来发展计划和技术。研究提供差距分析来帮助识别领域内支持机构研发投资组合的有效性。STPI 与国际开发协会研究和分析中心的研究人员建立长期合作伙伴关系，共同解决对国家太空空间利用的至关重要的问题，如确定“快速响应空间”实现国家安全目标的技术可行性。

五、工作内容

第一，及时汇编有关美国国内和国外的与科技研发相关的重要发展和趋势的权威信息，包括总统向国会提交的两年发展报告中的科技信息。

第二，分析和解释关于科技研发的重要信息并关注联邦科技研发投资组合的范围和内容。这些信息会影响部门间和国家间的问题。

第三，引导关于替代品的研究，确保美国在科技发展和应用方面的长期领先地位，通过扮演合适的角色来引导联邦政府、州政府、私营企业和高等教育机构进行科技发展和应用方面的研究。

第四，应科技政策办公室主任和总统科技顾问委员会的要求，为科技相关的行政部门和联邦政府的跨部门委员会和小组提供建议、技术支持和帮助。

第三节　SLAC 国家加速器实验室

SLAC 国家加速器实验室，隶属于美国能源部所属的国家实验室，由斯坦福大学进行运营。主要的研究方向有运用电子束进行基本粒子物理的实验及理论研究、原子物理、固态物理、使用同步辐射光源的化学、生物以及医学研究。其基本情况见表 7-4。

表 7-4　SLAC 国家加速器实验室基本情况

项目	内容
成立时间	1962 年
人力资源	1719 个雇员（2015 财政年）
2015 年财政预算	4.33 亿美元
知名科学家	1976 年诺贝尔物理学奖获得者 Burton Richter 1990 年诺贝尔物理学奖获得者 Richard Taylor 1995 年诺贝尔物理学奖获得者 Martin Perl 1996 年诺贝尔奖获得者 Kornberg
设施概况	以大科学装置为基础，占地 426 英亩*，共有 150 座实体建筑； 直线高能电子加速器（SLAC Linac）； 正负电子加速环（SPEAR）； 同步辐射光源（SSRL）； 正负电子对撞机（PEP）与直线对撞机（SLC）； B 粒子工厂 PEP-II； 最终聚焦测试束流装置 FFTB； 下一代直线对撞机试验加速器 NLCTA； 直线加速器相干光源 LCLS； 加速器科学和实验测试束流装置 FACET

*1 英亩≈4046.856 平方米。

一、实验室概况

SLAC 国家加速器实验室成立于 1962 年，原名为斯坦福直线加速器中心（Stanford linear accelerator center），2008 年 10 月能源部宣布更为现名。实验室拥有世界上最长的粒子加速器（1.9 英里①），其粒子物理研究在国际上长期领先。该实验室还建立了北美第一个国际网站，从此开启了信息时代。SLAC 国家加速器实验室位于加利福尼亚州的门洛帕克，隶属美国能源部所属的国家实验室，由斯坦福大学进行运营（图 7-10）。

图 7-10　实验室设施图

（一）人员构成概况（Profile of Staff）

1962 年，SLAC 刚成立时，拥有雇员 200 人。2015 年，包括科学家、工程师、博士后、行政人员等其他人员在内，SLAC 一共有员工 1719 人。其中，运营和行政人员所占比例最大，为 37%。其次是工程师和科学家，分别占 23% 和 17%，博士后所占比例为 7%。作为科研人员主力的工程师、科学家和博士后在实验室人员构成中所占的比例接近一半，可见 SLAC 的科研力量较为强势（图 7-11）。实验室运营过程中，由于近几年 SLAC 的裁员举措，工作人员总数相对减少。此外，人员结构也有所调整，如图 7-12 所示。2013 ~ 2015 财年，SLAC 的工程师、研究支持人员和研究生数量每年递减，科学家和运营及行政管理人员的数量也有所波动。因为工程师和技术工作人员在其职业发展生涯中，也可以向实验室的行政和运营领域转变，所以人数会相应减少。人员结构的变化有利于聘用与新型重大科学设施建设有关的人才。

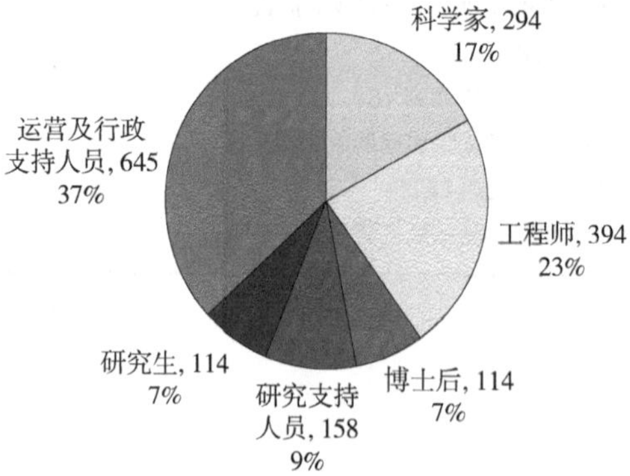

图 7-11　2015 年 SLAC 人员构成情况

① 1 英里≈1.609 千米。

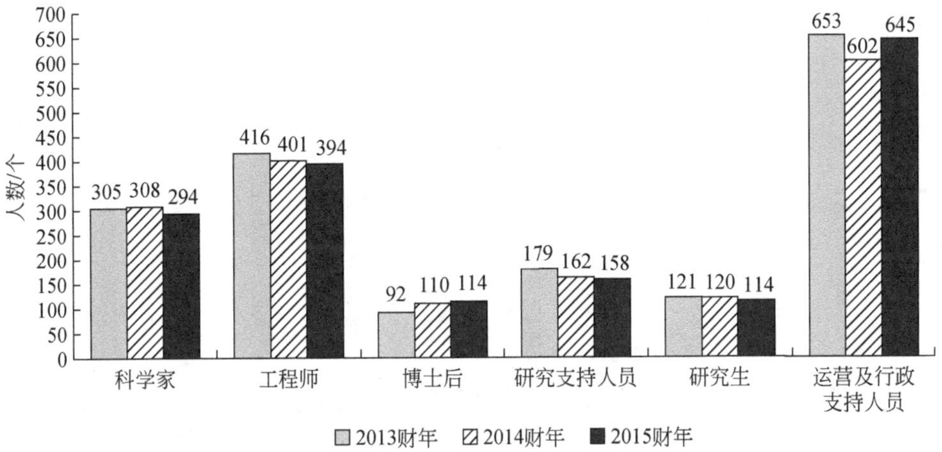

图 7-12　2013～2015 财年 SLAC 人员的变化

（二）资金状况（Funding）

1. 资金来源

与其他能源部下属的国家实验室相似，SLAC 的主要资金渠道也是来自于联邦政府。以 2014 年为例，SLAC 的总经费为 31 664. 6 万美元。其中，有 97% 来自联邦政府，为 30 640. 9 美元，其他渠道的资金来源只占了 3%，为 1023. 7 万美元。2015 财年，SLAC 的运营成本（不含《复兴法案》所执行的项目）为 4. 294 亿美元，其具体资金来源如图 7-13 所示。从数据分析中可知，基础能源科学部门对 SLAC 的资助最多，占 63%，其次是高能物理办公室，占 19%，这与实验室的核心能力和科研支柱有密切关联。

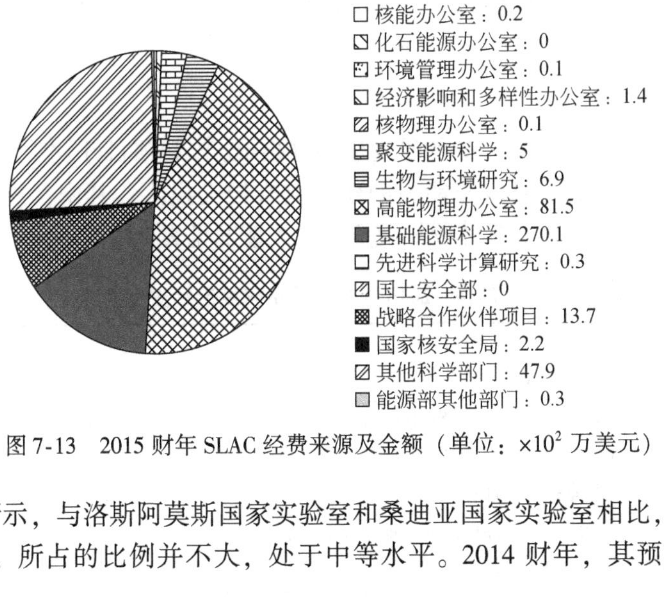

图 7-13　2015 财年 SLAC 经费来源及金额（单位：$\times10^2$ 万美元）

如图 7-14 所示，与洛斯阿莫斯国家实验室和桑迪亚国家实验室相比，SLAC 在能源部的实验室预算中，所占的比例并不大，处于中等水平。2014 财年，其预算为 4. 064 亿美元，占能源部国家实验室总预算的 3.5%，同期的洛斯阿莫斯国家实验室的预算则超过 20 亿美元，占总预算的 17.2%。

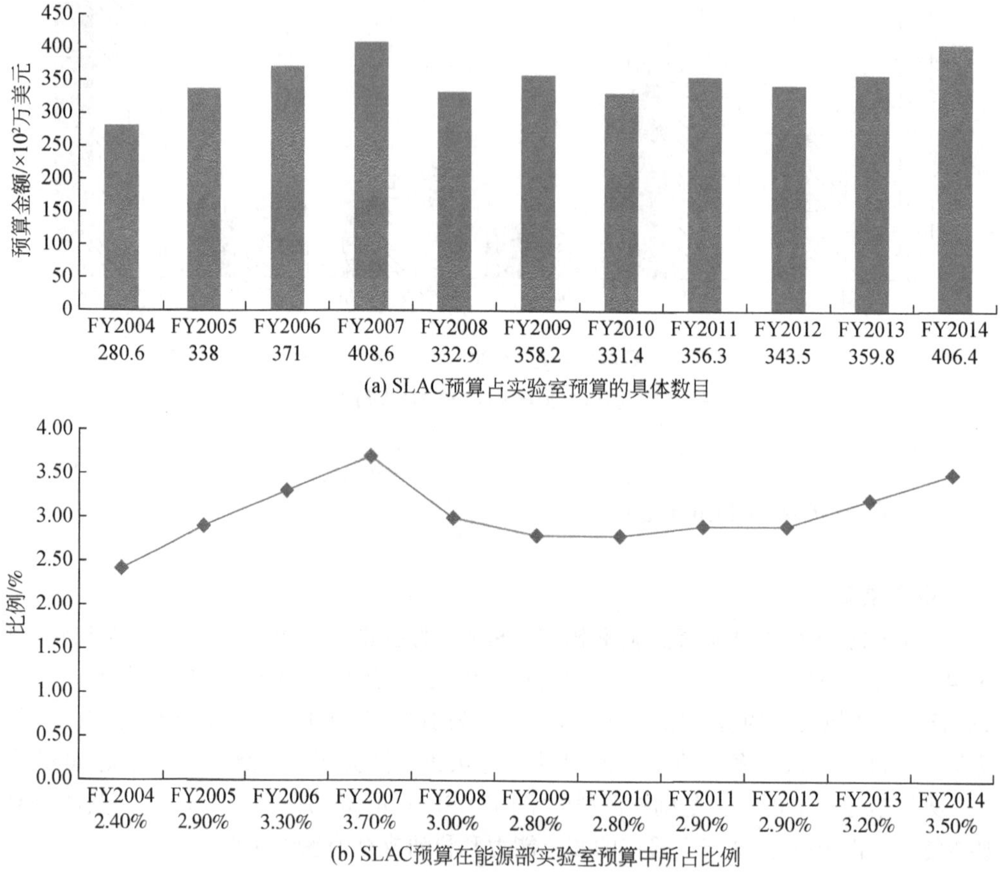

图 7-14　2004 ~ 2014 财年 SLAC 预算占能源部实验室总预算的具体数目及百分比

注：FY 代表财年。

2. 资金使用

2014 ~ 2015 财年，实验室主导的研发活动（LDRD）和项目开发中，分别在设备、科学、能源、宇宙探索和其自身核心能力的建设上有较大投入。其中，投入最多是科学部分，其次是核心竞争力建设。具体领域及资金投入情况见表 7-5 所示。

表 7-5　2014 ~ 2015 财年实验室研发活动支出情况　（单位：百万美元）

设备	·关键举措：FACET Ⅱ，UED ·实验室投入：2.1
科学	·材料科学：3.0　生物科学：1.5 ·化学科学：1.0　核聚变能：1.3 ·实验室投入总计：6.8
能源	·关键举措：智能输电网、地下探索、电池 ·实验室投入：1.1

续表

宇宙	·关键举措：暗物质、宇宙微波背景（CMB） ·实验室投入：4.9
核心竞争力	·计算机、加速器 ·实验室投入：5.3

二、任务领域和研究

（一）科研支柱（Science Pillars）

SLAC 的科研支柱分别为加速器，X 射线科学，激光和探测器。

（二）实验室的主要能力（Major Capabilities）

SLAC 实验室的科学和技术能力主要集中体现在其五大核心能力上，如图 7-15 所示。

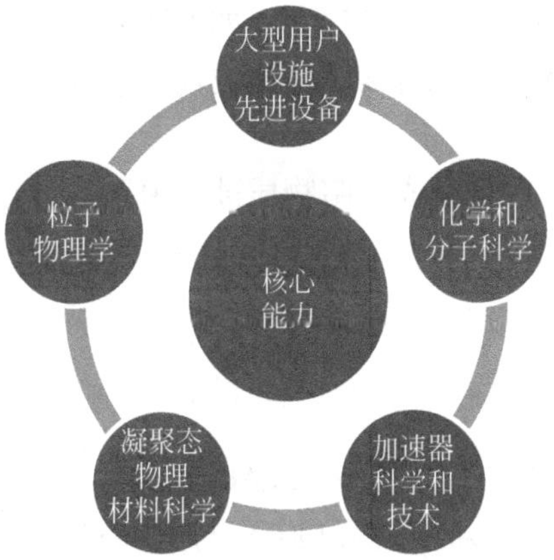

图 7-15　SLAC 实验室核心能力

1. 大型用户设施/先进设备

SLAC 充分利用其智力资本、基础设施和丰富经验。履行国家能源部所赋予的使命。在大型科学设备进行创新、开发、设计和建设上，取得了许多突破性的进展和发现，确保了实验室的高效运作。目前，SLAC 拥有的能源部科学办公室的大型用户设施如下。

（1）直线加速器相干光源（Linac Coherent Light Source，LCLS）

直线加速器相干光源（LCLS）是世界第一个也是最强大的 X 射线激光器。每年为近 600 位科学家提供了高度聚焦的光束，极大地促进了化学、能源、生命科学与技术的向前发展。

（2）斯坦福同步辐射光源（Stanford Synchrotron Radiation Lightsource，SSRL）

支持能源部科学办公室和 SLAC 的任务，开展的领域包括凝聚态余力、能源相关材料研究、催化、可持续能源、生命科学和生物制药等研发项。

（3）先进加速器试验装置（Facility for Advanced Accelerator Experimental Tests，FAAET）

加速器科学和实验测试束流装置利用正负电子短的强脉冲形成一个被称为等离子体尾场加速器的加速源来研究等离子体加速。FACET 将对 SLAC 的加速器部件重新定位、整修和升级，在直线加速器的 20 节给新的装置提供束流。目标是为等离子体韦克菲尔德加速器研究提供高品质束流。该设施将安装在 LCLS 注入器的上游。

2. 凝聚态物理材料科学

材料、化学和能源科学是当今众多重大技术挑战的焦点。SLAC 的凝聚态物理材料科学的研究，重点在于完成能源部的任务以及一些重大的能源科学挑战。

研究领域包括金刚石，超导材料，仿生材料，导质结构和硫族化合物和拓扑绝缘体。SLAC 也将这方面的研究应用于开发与能源相关的技术，包括能源存储、能源的高效转换以及无碳能源生产。

3. 化学和分子科学

SLAC 的化学和分子科学研究有两个主要领域，分别为探索超快物理、化学、材料、X 射线科学理论的相互作用；解决与原子层面的催化剂有关的基础挑战。

4. 加速器科学和技术

1）先进的设备。世界领先的大型加速器，如 LCLS、直线对撞和环形对撞机。

2）先进的研究方法。光束驱动等离子体尾波场加速（PWFA）。

5. 粒子物理学

在宇宙前沿的探索上，SLAC 率先对暗物质进行识别，对暗能量的本质进行详细测试，并发现了早期宇宙的最高能量。

（三）设施

主要设施包括，直线高能电子加速器（SLAC Linac）；正负电子加速环（SPEAR）；同步辐射光源（SSRL）；正负电子对撞机（PEP）与直线对撞机（SLC）；B 粒子工厂 PEP-Ⅱ；最终聚焦测试束流装置（FFTB）；下一代直线对撞机试验加速器（NLCTA）；直线加速器相干光源（LCLS）。

三、科技成果转化

（一）科技成果转化路径和机制（Technology Transfer Path and Mechanisms）——SPP、CRADAs、OTL 三者结合

SLAC 实验室在科技成果转化上，主要采用战略合作伙伴项目（strategic partnership projects，SPP）的策略。SLAC 在与能源部之外，与其他联邦机构、工业企业、大学、地

方机构以及国外的研究机构也建立了战略合作伙伴关系。在为 SLAC 实验室创造了多元的支持平台的同时，为其科研工作者提供了接触和参与更多样、更尖端的研究提供机会，此外，也为其科技成果的转化提供了更广阔的平台。

SLAC 的战略合作伙伴项目有三大目标。首先，是推进 SLAC 完成能源部所交付的任务，实现 SLAC 的科学目标。SLAC 与其他联邦机构及国际机构展开合作，推进新的研究设备、仪器设备的研发。例如，与国家卫生研究院的合作，就增强了 SLAC 在光源技术方面的能力，也将 SLAC 的研究领域进一步延伸到生物科学研究领域，以及对生物科学使用群体的技术支持上。实验室与国立卫生研究院还共同开发了九个专用和共享的 SSRL 光束线的相关仪器和技术，每年为 SSRL 和 LCLS 的 800 位用户解决结构生物学的前沿挑战提供设备和技术支持。SLAC 还参与了能源部资助的多项多机构合作项目，SLAC 与 LSST 机构合作，为国家科学基金会主导的大数据和计算科学研究做出了显著贡献，在数据库涉及和大规模数据管理软件上取得了重大突破。在加速器科学领域，SLAC 与日本的 KEK 实验室杰作，促进了未来高亮度和高能电子加速器的研发，推进了能源部高能物理研究使命的落实。

其次，SPP 的目标是保持 SLAC 的核心能力，实现 SPP 的战略计划。SLAC 与能源部高能物理办公室达成协议，与中科院高能物理研究所开展战略合作，为其环形正负电子对撞击的设计提供技术支持。该项目为 SLAC 应对其加速器设计和束流动力学方面的挑战提供了试验场。

最后，是促进技术转化和商业化。SLAC 利用合作研究和开发协议（CRADA）作为对 SPP 项目的补充。合作研究和开发协议是 SLAC 长期战略计划的重要组成部分，它为科学人员从事与工业直接相关的研究提供机会，从而更有利于科技成果的转化。此外，SLAC 还与斯坦福技术授权办公室（Stanford Office of Technology Licensing，OTL）合作，将技术成果转化为工业专利，为技术成果的商业化提供便利。例如，速调管利用 SLAC 的某项设计，将该成果转化为工业商业产品，另外，高功率测设基础设施也已经工业化。

SLAC 实验室负责科技成果转化业务的是实验室的商业服务及信息技术办公室。该办公室由实验室主管办公室直接领导，下设负责财务、预算、商业和供应链等事务部门，管理框架结构较为完整，如图 7-16 所示。

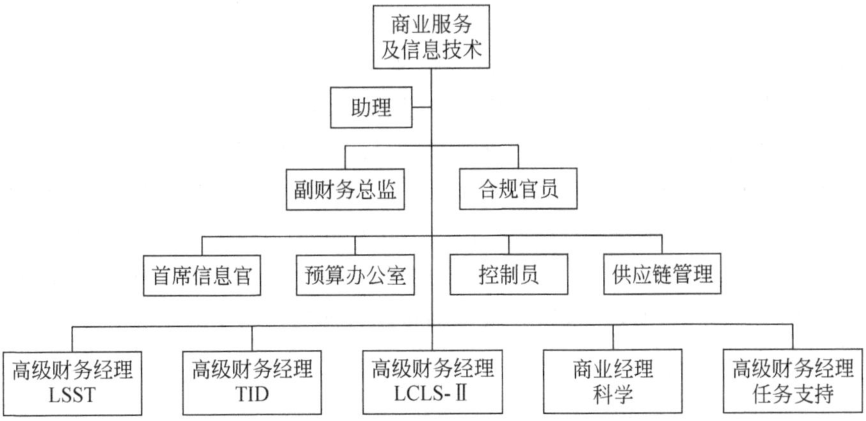

图 7-16　商业服务及信息技术办公室组织架构

为了增强科技成果转换和商业化的能力，SLAC 增加有相关背景和经验的专业员工。这些员工为实验室的科学家和工程师寻找合作机会，与斯坦福技术授权办公室的专业人员密切合作，确保科研成果得到授权和保护。同时，这些员工还负责提高技术的知名度，推进需求者对该技术的购买，加快技术成果转换的效率（表 7-6、表 7-7）。

表 7-6　计划外的技术转化活动

项目	2015 财年实际情况	2016 财年预计情况
研究和技术办公室（ORTA）经费	N/A	N/A
实验室交与研究和技术办公室活动总的管理费用	N/A	N/A
研究和技术办公室（ORTA）经费占技术转化项目授权收入	0.006	0.025
用于技术转化活动的授权收入	0	0
用于技术转化活动的授权收入占所有授权收入的比例	0	0
其他经费	0	0
技术转化活动中的其他非联邦经费支出	0	0
总计	0.006	0.025

注：参见 SLAC Annual Laboratory Plan。

表 7-7　计划内的技术转化活动

项目	2015 财年实际情况	2016 财年预计情况
技术商业化经费	N/A	N/A
实验室–公司	N/A	N/A
小企业证书	N/A	N/A
住宅项目技术人员	N/A	N/A
能源部项目的合作研究和开发协议经费	0	0
其他	0	0
总计	0	0

（二）许可证和专利权（Licenses and Patents）

斯坦福的技术授权办公室（OTL）负责管理 SLAC 的专利、著作权和其他技术许可。作为 SLAC 的运营方，斯坦福大学每年会对大学和 SLAC 的科技成果作相应统计。所有的科研成果中，大部分发明没有登记许可证。统计显示，每周都有 9 ~ 10 个发明公开，50% 的专利会归档，20% ~ 25% 的发明会得到许可证，而像软件和生物材料只获得许可证，但不受专利保护。1970 年，技术授权办公室公开的发明有 28 项，2013 年为 502 项，累计 9897 项。1970 年颁发的许可证有 3 个，2013 财年为 103 个，累计 3300 个。许多发明拥有不止一个许可证。其中，由技术授权办公室颁布许可证的发明中的 10% ~ 15% 的发明，斯坦福大学拥有其长期股权①。

① 以上数据均来自技术授权办公室。

（三）经济影响（Economic Impact）

斯坦福技术授权办公室有专门的许可证助理和联络小组，为技术的商业化提供市场对接。部分许可证为运营方提供了长期股权，成为其收入来源之一。2013 年，作为颁布许可证的协议成果，斯坦福大学拥有 161 家公司的长期股权，2013 财年，斯坦福股权套现金额为一百万美元，1991～2013 年，累计套现金额为 3.7 亿美元。除股权套现收入外，将获得许可的发明转化为工业和商业产品，也带来直接的经济效益。这部分的收入主要分为公司产出收入和版税收益。公司收入方面，1970 财年，斯坦福大学收入为 5 万美元，2013 财年为 0.87 亿美元，累计收入为 160 亿美元。2013 财年共有 622 项发明产生收入，其中有 42 项带来的收入超过 10 万美元，6 项超过 100 万美元，1 项超过 5.5 亿美元。版权收益方面，在扣除了 15% 的管理费之后，版税净收益被分为三部分，发明人、发明人所属的部门、以及发明人所属的学校各得三分之一。科技成果转化是科研人员、国家实验室和运营方的重要经费来源，有利于实现能源部的使命和 SLAC 的科学目标，保持其核心竞争力，进而推动美国工业和社会的发展①。

四、组织结构和治理结构

（一）能源部的监管模式（Oversight of DOE）

SLAC 隶属于国家能源部，支持能源部履行确保国家安全和繁荣的使命。实验室的实际经营者是斯坦福大学，能源部与斯坦福大学签订合同，通过合同对实验室进行监管。最近的合作合同预计 2016 年 9 月到期。斯坦福大学为实验室提供租赁用地和员工，斯坦福也为实验室培养了下一代科学家。所以，斯坦福大学是实验室 IDE 的重要智力来源。图 7-17所示的是能源部、斯坦福大学和 SLAC 三者之间具体的关系。

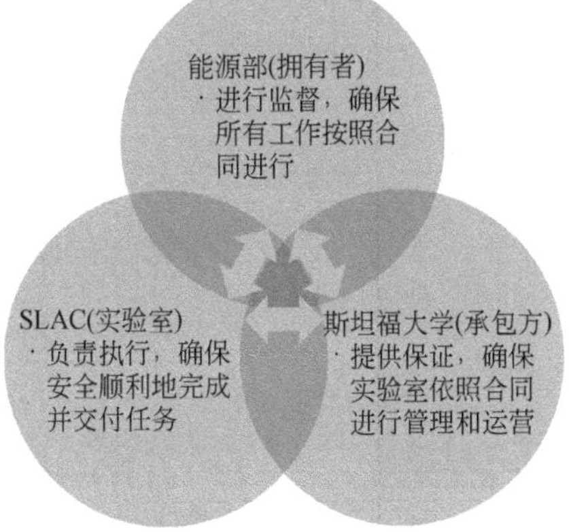

图 7-17　能源部、斯坦福大学和 SLAC 的关系

① 以上数据均来自技术授权办公室。

（二）组织结构图（Organizational Chart）

SLAC 的组织结构如图 7-18 所示。

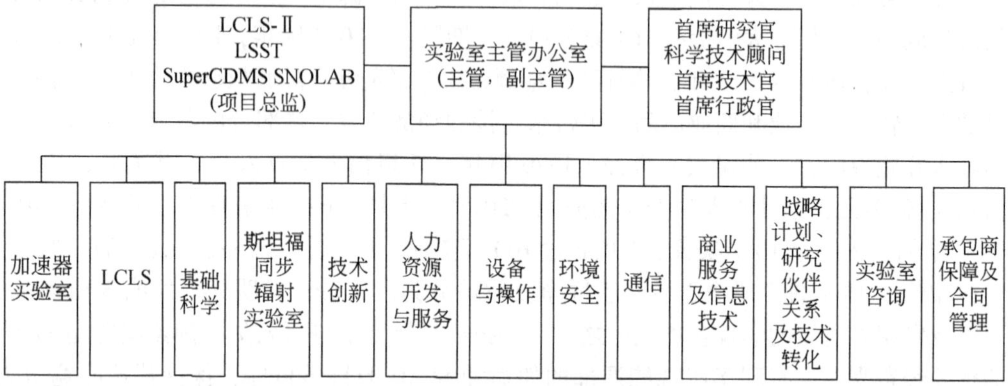

图 7-18　SLAC 组织结构图

第八章　美国国家实验室面临的争议和挑战

20世纪40年代以来，美国国家实验室不断发展完善，为保护美国国家安全和促进国家科技发展作出了卓越贡献。成立美国国家实验室的初衷是解决第二次世界大战时期紧迫的国防科技需求，但随着国际政治经济格局的不断演化，国家实验室在美国研发领域中的作用逐渐成为各方争议和讨论的话题。在不同的历史时期，国家实验室面临着不同的争议和挑战，进入21世纪后，面对复杂的国防安全形势和创新型经济需求，国家实验室也面临着新的争议和挑战。

第一节　不同历史时期美国国家实验室面临的争议和挑战

美国国家实验室成立于20世纪40年代。21世纪之前，经历了两次较大的争议和挑战，一次在20世纪60年代，一次在20世纪90年代。

一、20世纪60年代的争议和挑战

应第二次世界大战和冷战时期特殊的国防需求，在20世纪40～60年代美国国家实验室快速发展，科研队伍的数量和层次不断提升，防御系统、核武器发展等领域的技术能力显著增强，资助机构不断增加。美国国家实验室的数量在1969年达到了历史峰值，为74个，其在联邦研发经费中所占的比例也不断增加，从1960年的0.4%增加到1970年的1.2%①。这直接掀起了一场来自于国会、产业界、学术界和军方等多方的审查和分析浪潮。主流评论家认同国家实验室对美国国防的特殊贡献，但同时对其所拥有的特殊权利、设立原由、管理机构等方面提出质疑。

国家实验室比其他类型研发机构拥有更多独立自由的研发权利。批评者认为存在以下四个问题：一是受到的国会控制太少，国会仅审查研发经费，而不审查具体的研发活动；二是由于在国防研发领域的特殊性和在联邦资助机构的特殊地位，国家实验室在比其他研发机构对政策的影响更大，不利于决策制衡；三是相较于其他政府和承包商，国家实验室在研发管理、项目投资等方面花费过高，降低了联邦经费的使用效率；四是由于其在获取敏感信息、政策影响等方面的独特性，国家实验室相较于其他研发机构更容易获得资助单

---

① 数据来源：JILL M. HRUBY, DAWN K. MANLEY, RONALD E. STOLTZ, ERIK K. WEBB and JOAN B. WOODARD. The evolution of federally funded research & development centers, PUBLIC INTEREST REPORT SPRING, 2011。

位的青睐。

关于美国国家实验室的成立初衷，批评者认为当时是由于美国缺少专门进行国防研发任务的机构才设立国家实验室，而经过几十年的发展，很多政府研发机构和私营研发机构不断发展和成熟，已经能够承担国家实验室的相关任务。

针对美国国家实验室管理机构的争议和挑战主要集中在大学管理的国家实验室上。一方面这些国家实验室受到了来自校园反战情绪的压力，另一方面陆海空三军认为其研发工作太过于学术化，无法满足军事实践的需求。

20 世纪 60 年代末，美国国家实验室面临的争议和挑战直接导致了其数量的大幅度下降。以美国国防部为例，其资助的国家实验室从 20 世纪 60 年代早期的 39 个下降到了 1967 年的 8 个。此外，针对大学管理的国家实验室，来自美国国会的批评者认为美国国防部应该减少在校园的出现。1969 年美国通过了《军事授权法》的《曼斯菲尔德修正案(1969)》，规定禁止国防部向没有明确军事目的的研究项目提供资金，这导致了国防部的基础研究投资组合在 1967 ~ 1975 年下降了 45%。在一些国家实验室被终止的同时，还有一些国家实验室以私营研发机构或非营利组织的形式维持了下来。例如，应用物理实验室的性质变为大学附属研究中心①。

二、20 世纪 90 年代的争议和挑战

1984 年，美国联邦采购政策委员会发布了有关国家实验室创建要求的声明，这些要求也在 1990 年的《联邦采购法案》中得到了体现。虽然对国家实验室的创建要求有了明确说明，但在 20 世纪 90 年代，美国国防部和能源部的下属国家实验室依旧面临着如何进一步优化其研发工作的争议和挑战。

对于美国国防部的国家实验室，一些研究认为应该围绕机构的核心任务，不应将研究分散化。美国国防部检察长就曾建议国防部应加强对国家实验室的筛选和分配工作，以确保其满足国防部的特殊要求。1997 年美国国防科学委员会工作组的报告进一步支持了国家实验室应专注于核心任务的观点，报告指出美国国防部必须对需要由国家实验室开展的限定性特殊研发任务进行控制。工作组还强调国家实验室之外的研发机构也可以承担大量的工作。

对于美国能源部的国家实验室，一些研究认为其研究领域过于狭窄，新的跨领域研究较少。1995 年，美国能源部顾问委员会对下属国家实验室的未来发展进行了研究，认为这些机构拥有高水平的专业知识，但发展受到传统的国家安全、能源、环境科学与技术等任务及支持这些任务的基础科学领域的限制。顾问委员会建议国家实验室应在传统任务领域中增加一些新的跨学科研究。

20 世纪 40 ~ 90 年代，美国国家实验室在争议和挑战中不断发展，逐渐形成了以联邦机构资助为主、非联邦机构（大学、非营利组织、产业界等）负责运营管理、专注于核心

① 大学附属研究中心有自己所隶属的大学，将教学作为任务的一部分，在研究竞争方面比国家实验室有更大的灵活性，而在其他方面大学附属研究中心与国家实验室有共同的特征。

任务的较为固化的管理模式。进入 21 世纪之后，国际政治格局发生了巨大变化，美国国家安全环境更加复杂多变，国家之间的科技竞争日益激烈，世界经济已进入了创新型经济阶段，同时美国也面临着巨大的预算压力，此时的美国国家实验室正处于一个十字路口，美国政府部门需重新审视他们的存在、章程和任务。

20 世纪 40 年代以来，美国国家实验室不断满足日益复杂的国家安全需求，其在机构发展和合作方面变得更加多元化，为美国创造了重要的科技成果，为新产业和新产品打下了坚实基础，如 GPS、CDs 和 DVDs、卫星通信、新式电池、超级计算机、弹性客机和癌症疗法等，但每年的研发成本不到美国 GDP 的 0. 1%。因此当前的争议和挑战并不是美国是否能从国家实验室花费的公共支出中获得收益，而是美国能否获得更多的价值。

美国国家实验室成立之初致力于满足国防需求，冷战结束之后，美国一直在为国家实验室拓展新的任务，有效利用其特殊的研发能力，使其成为美国公共科学事业的一个重要组成部分。美国国家实验室曾经能够高效地服务于公众利益，但当前国家实验室的管理制度和管理结构存在不少问题，缺乏灵活性，不能有效地满足市场需求，这在一定程度上抑制了美国的创新，使其很难应对 21 世纪新的安全挑战和创新型经济的需求。下面将主要以美国能源部为例，分析美国国家实验室当前和今后一段时间内面临的争议和挑战。

第二节　美国国家实验室面临的主要争议和挑战

一、联邦资助机构对国家实验室的管理缺乏灵活性

美国国家实验室一般采用政府拥有、承包商管理（GOCO）的管理模式，这种管理模式使国家实验室既能得到联邦政府的资助，又能保持适用于研发的较为灵活的运营管理模式。但随着时间的推移，美国国家实验室正逐渐向更加严格的、由联邦政府机构主导的管理方向转变。联邦资助机构对国家实验室的僵化管理降低了实验室的运营和经费使用效率①，使实验室的研发活动无法有效地与实际需求相对接。

（一）过多的机构管理降低了国家实验室的运营效率

联邦资助机构为国家实验室制定了多个方面的管理规定，使承包商管理者通过 GOCO 管理模式获得的灵活性逐渐弱化，国家实验室的管理体系不断向联邦机构的管理体系转变。这限制了运营管理的灵活性，同时因为没有操作自主性，导致承包商管理者的问责机

① 数据来源：Suzy Tichenor，“Utilizing the tools of science to drive innovation through fundamental research”，statement before the Subcommittee on Energy and Environment，Committee on Science，Space，and Technology，U. S. House of Representatives，June 21，2012，available at http：//science. house. gov/sites/republicans. science. house. gov/files/documents/hearings/HHRG-112-%20SY20-WState-STichenor-20120621. pdf。

制形同虚设，使得国家实验室的创新缺乏灵活性。以美国能源部为例，其取代承包商而直接为国家实验室的管理做出规定，如招聘、员工补贴、设施安全、旅游和项目管理等。这样的做法一方面能够有效应对国会听证会关于预算削减的审查，另一方面能够有效减少政府浪费。但美国能源部用一种逐渐僵化的微观管理形式取代了承包商责任制，从而降低了国家实验室的运营效率。在管理工作方面，除了联邦政府和州政府法律，美国能源部还增加了一些重复的关于安全、人际关系和环境等的规定，美国能源部、美国管理和预算办公室（OMB）和美国职业安全与健康管理局（OSHA）的规定相互重叠，导致实验室的管理人员往往需要做一些重复性工作。在研发协议处理时间上，根据美国透视公司的一项研究表明，美国能源部驻地办公室把国家实验室与产业界的研发协议的处理时间平均增加了16天①。这个数字尚没有包括承包商为提高驻地办公室批准的可能性而花费在准备研发协议上的大量时间，由于驻地办公室的过多管理要求，国家实验室在准备研发协议时，将更多的时间关注于驻地办公室的管理要求和关注点上，而没有关注研发活动本身，这在一定程度上降低了实验室创新的效率和灵活性②。

（二）僵化的财务模式制约了经费的有效使用

美国国会对国家实验室的资金支持是通过独立而又复杂的系统实现的。以美国能源部为例，资助资金先从国会拨款到能源部的预算中，再通过能源部6个管理办公室和十几个方案以及成千上万个具体合同，最终到达实验室管理人员和研究人员的手中。这个漫长而复杂的资源分配过程制约了研发经费的有效使用。

1. 研发成本过高

在过去的几十年里，美国国会和联邦资助机构从远程微观角度管理国家实验室的经费，这些监督往往只强调如何开展研究，而不关注最终研究目标，导致对国家实验室预算的监督过于死板。每个国家实验室只负责管理与其研究领域相关的研发项目的资助经费，所以其一般被锁定在预先设定的研发项目上，但这样的方法往往不是最集约、最直接和最有效的。因此，成本过高成为国家实验室的一个普遍问题，例如美国国家科学基金会下属的NEON项目是一个关于生态的项目，DCAA公司受委托对该项目进行了审计，2012年11月完成审计，得出的结论是4.34亿美元的项目成本中，大约有1.02亿美元为“可疑”类别，并且5200万美元的额外费用为“不可支持”类别。美国国家科学基金会收到这个

---

① 数据来源：Bruce Harrer and Cheryl Cejka，“Agreement execution process study：CRADAs and NF-WFO agreements and the speed of business”（Richland，Washington：Pacific Northwest National Laboratory，2011），available at http：//www. pnl. gov/main/publications/external/technical_ reports/PNNL-20163. pdf。

② 数据来源：PPPL，for example，hosts the National Spherical Torus Experiment，or NSTX，which is a unique magnetic fusion device that produces spherical plasma，which is a likely candidate for use in commercial fusion reactors. For more information，see Princeton Plasma Physics Laboratory，“National Spherical Torus Experiment（NSTX）”，available at http：//www. pppl. gov/NSTX（last accessed June 2013）；Office of Science，The U. S. Department of Energy’ s Ten-Year Plans：Fiscal Year 2012 （U. S Department of Energy，2012），available at http：//science. energy. gov/ ~/media/lpe/pdf/2012- SC-Laboratory-Plans-for-Web. pdf。

审计结论后，随即发出了一个关于研究设施成本过高和会计管理不足的警告。

2. 严格划分的支出账户限制了国家实验室的拓展

美国能源部、国会、美国管理和预算办公室对国家实验室的支出账户进行严格的微观管理。国家实验室的预算被划分到多个独立账户，每个账户的使用都有严格限制，实验室管理人员需要同时管理多个不能混用的独立账户，这在很大程度上限制了其战略决策的制定。在经费使用上，国家实验室的大部分资助经费会按既定安排投入到国会授权的研究业务中，这使国家实验室无法像企业那样可以通过在各种活动、产品和方案之间灵活地分配资金以应对不断变化的发展要求。为此国会通过实验室导向的研发项目（LDRD）为国家实验室设置了经常费用账户，实验室管理者可以通过经常费用账户进行跨领域的投资。根据美国能源部和美国审计署的研究，由 LDRD 资助的经费通常是最有效率的①，且 LDRD 资助的项目在满足当前需求和应对未来挑战方面取得了显著成果，如支持科学前沿领域研究、为核心任务提供新概念、打造吸引优秀青年人才的研究环境等方面②。但经常费用账户存在两个主要的问题，一是经费数量较小，二是对其的管理规定十分严格③。虽然当前的规定具有一些潜在优点，但过于严格的规定制约了实验室的灵活性，使其不能积极地管理预算、资源和优先级，无法在有前景的先进研究领域或增强实验室基础设施能力上进行战略投资，从而无法更有效地实现研究目标。总之，严格的经费拨款导致实验室管理者往往专注于短期的研究目标，在研发经费合规性管理上花费的时间越来越多，而不能开展长期战略规划，支持有前景的研究领域。

3. 国家实验室管理与经费的脱钩减弱了研发的针对性

美国国家实验室的研发经费与管理体系缺乏有效对接。以美国能源部为例，能源部下属的 6 个办公室管理着 17 个国家实验室。这些国家实验室一般由与其研发领域相关的管理办公室负责。例如，美国国家可再生能源实验室（NREL）主要从事可再生能源研究，由能源部能源效率和可再生能源办公室（EERE）进行管理。然而，随着国家需求的不断变化，国家实验室的投资组合也在不断演变，这使国家实验室当前管理方式的合理性不断受到冲击，主要体现在国家实验室经费来源与管理体系脱钩。国家实验室除从管理办公室获得资助外，也从其他办公室和其他政府机构获得大量的资助。一般情况下，提供了科研经费的其他机构没有监督管理的权利，这会导致研发目的和研发经费之间潜在的不协调和低效率。如表 8-1 所示，美国能源部下属的 17 个实验室中有 5 个实验室从管理办公室收到了 55. 1% 或更少的资金，而对实验室进行资助的其他机构并没有参与监督管理，这降低了

---

① See William Craig, “Laboratory directed research and development annual report FY2012” (Livermore, California: Lawrence Livermore National Laboratory, 2012), available at https://st. llnl. gov/content/assets/docs/LLNL_ 12LDRD. pdf; General Accounting Office, “Federal research: information on DOE’s laboratory- directed R&D program”, report to the Subcommittee on Energy and Water Development, Committee on Appropriations, House of Representatives, April 30, 2004, available at http://www. gao. gov/products/GAO-04-489。

② Craig, “Laboratory directed research and development annual report FY2012”。

③ For the U. S. Department of Energy’s directive on LDRD spending, see Office of Information Resources, “DOD O 413. 2B Admin Chg 1, laboratory directed research and development,” available at https://www. directives. doe. gov/directives/0413. 2-BOrder-badmchg1/view (last accessed June 2013). For a brief legislative history of LDRD, see “Legislative history of the LDRD program,” available at http://science. energy. gov/~/media/lpe/word/LDRD-Legislative-History-07-01-2011. docx。

实验室管理者与其他经费资助者进行互动的灵活性以及为非管理机构开展长期研究计划的有效性。

表 8-1　2011 财年能源部国家实验室的研究经费来源

国家实验室	来自管理办公室的经费占比/%	来自能源部其他办公室的经费占比/%	来自非能源部办公室的经费占比/%	2011 财年总成本/×10^2 万美元
Ames (SC)	70.50	15.30	14.20	34
Argonne (SC)	55.30	29.30	15.40	763
Berkeley (SC)	70.10	14.50	15.40	824
Brookhaven (SC)	83.70	9.90	6.40	750
Fermi (SC)	99.60	0	0.40	437
Idaho (NE)	55.20	22.00	22.80	1063
Lawrence Livermore (NNSA)	74.70	6.90	18.30	1584
NETL (FE)	42.30	53.90	1.80	1400
Los Alamos (NNSA)	70.70	18.50	10.70	2551
NREL (EERE)	89.40	6.10	4.50	521
Oak Ridge (SC)	48.50	34.60	16.90	1542
Pacific Northwest (SC)	20.80	52.00	27.30	945
Princeton (SC)	98.10	0	1.90	87
Sandia (NNSA)	55.10	9.50	35.40	2438
Savannah River (EM)	55.10	43.70	1.30	2540
SLAC (SC)	97.10	0.80	2.00	375
Thomas Jefferson (SC)	93.80	0.30	5.90	214
平均值/总计	69.4 (平均值)	18.60 (平均值)	11.80 (平均值)	18068

数据来源：2011 财年美国能源部和国家公共管理学院预算披露的总预算数据。

实验室管理和经费之间的脱钩导致国家实验室战略规划的缺失和研发活动程序的冗余，使国家实验室往往错过利用其完备的研究基础解决实际问题的机会。根据美国国家公共管理学院的研究，美国能源部尚没有一个“多规合一”的综合机制，以确保其不断优化国家实验室的能力来满足国家的迫切需求①。此外，国家实验室管理和经费的脱钩进一步导致基础项目办公室和应用项目办公室的经费和管理问题复杂化，导致基础和应用研究的目的适得其反。以美国能源部为例，其科学办公室下的基础项目实验室开展了大量的应用研究。

二、国家实验室与产业界之间缺乏有效联系

美国国家实验室成立以来，国防科技研发一直是其主要任务。以美国能源部为例，防

① 数据来源：National Academy of Public Administration，“Positioning DOE’s Labs for the Future”。

卫和核清理工作超过该机构研发支出的三分之一。美国国家实验室深厚的国防底蕴，形成了一种抵抗与产业界合作的文化，似乎国家实验室与私营部门的合作以及技术转让活动与其核心任务不一致，导致国家实验室与产业界之间缺乏有效对接。

（一）国家实验室的研究没有面向产业需求

在国家实验室的研究过程中，一般按固定的顺序进行研究，先是实验室的科学家和其他工作人员申请联邦基金，开展研究工作，只有在研究工作完成之后，实验室才会寻求市场机遇，也就是说商业化通常只在后期才成为优先事项。比较合理的情况应该是，研究人员和技术转让人员共同参与到给定的研究项目中，并随时保持有效沟通，以确保最终的研究结果符合联邦资助机构和市场的双重需求。然而，由于联邦资助机构很少对国家实验室的经济合作伙伴或商业化成果进行明确要求，实验室研究人员在研究过程中与技术转让人员的合作缺乏激励。尤其在任务驱动的基础科学研究中，经济产出可能不是首要目标。联邦基金、研究任务和技术转让之间有效作用机制的缺失在国家实验室研究和其潜在产业影响之间增添了障碍。

就单个国家实验室的技术转让和商业化来说，其核心任务不同，对产业合作的开放性就不同，与此相对应的跨学科研究能力就不同。以美国能源部为例，能源实验室同“基础科学”实验室（大多在科学办公室下属）以及充当核武库管家的实验室相比，其对产业合作更加开放，任务更加多元化。虽然个别国家实验室具有很强的跨学科研究能力，但整个国家实验室的组织结构被过度分割，使大多数国家实验室的跨学科研究能力并不强，难以与产业需求保持一致。基于这个问题，美国能源部正试图将多个能源和科学办公室合并，由负责科学和能源的副部长管理，并负责监督能源部大部分的非武器国家实验室。这项工作意味着美国能源部正在整合国家实验室的研发活动，使其更好地满足产业界跨领域解决方案的需求。然而，这项工作的有效实施需要美国国会明确要求科学和能源办公室有责任促进国家实验室更灵活地参与产业发展，否则国家实验室带动产业发展的影响力将不会得到有效释放。

（二）规模较小的公司很难与国家实验室合作

制约实验室与产业界合作的第二个问题是国家实验室倾向与大公司进行合作。这种现象与中小企业在产业发展中的作用并不匹配，因为虽然大公司对产业发展非常重要，但创新型的中小企业在美国经济中也发挥着巨大作用。很多中小企业聚集在国家实验室周边，地理上的接近性蕴藏着以技术为基础推动经济发展的巨大潜力。然而，国家实验室严重的官僚主义、复杂的合同规则和长期的合同期限限制了小企业的参与。

以能源部为例，首先国家实验室的伙伴关系围绕合约进行，合约是依靠企业对实验室服务或使用实验室的设备支付费用来维系的。但中小企业一般并不拥有充足的财力和必要的科技知识积累来与国家实验室进行合作。

其次，对于合作研究和开发协议（CRADA）或非联邦工作协议（NF-WFO）来说，从提交申请到批准的平均时间超出了大多数中小企业能够等待的时间限度。尤其是对于生产型的中小企业来说，这个问题更为严重，因为这些公司往往依靠短期合同来支付经营费用。然而，根据CRADA的相关规定，实验室处理工作需要110天，驻地办公室审查和批准需要12天。此外，NF-WFO协议平均需要81天，还要两个星期用于联邦驻地办公室审查和批准。中小企业根本无法等待如此长的时间来解决技术难题。而大企业的合同期限一般较长，通常拥有充足的流动性来处理较长的合约期限（表8-2）。

表8-2　协议处理的时间周期

类型	平均天数/天	天数范围/天
实验室 CRADA	110	46～192
实验室 NF-WFO	81	62～135
联邦驻地办公室 CRADA	12	3～20
联邦驻地办公室 NF-WFO	14	4～40

注：数据来源于美国能源部网站，http：//www.energy.gov/。

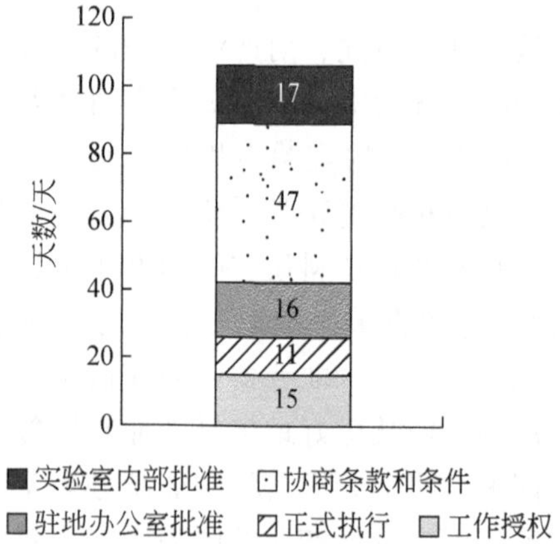

图8-1　CRADA审批进程的平均天数

注：数据来源于美国能源部网站，http：//www.energy.gov/。

图8-1展示了在一个标准的CRADA协议中，耗费在各种审批环节的平均天数。超过44%的审批时间用在了实验室、驻地办公室和企业之间协商合约条款和条件上，这个时间是实验室内部审批时间的近三倍。实验室内部审批是第二个最费时间的活动。这对中小企业来说是一个很大的问题，因为其在承担咨询、法律和行政成本方面面临很大的财务压力。仅法律成本一项，一般法律谈判要花费近50天，虽然这部分成本仅占大公司总生产成本的一小部分，但对于中小企业来说却很大。结果除最赚钱的中小企业之外，其他所有企业均望之却步。虽然与实验室进行合作的其他合约协议（如其他单位工作协议和用户协议）不需要这么多的法务工作，但其他成本依旧很高。总体来讲，与国家实验室签署合约的协议的成本对于大多数中小企业而言过高。

三、国家实验室缺乏高效的技术转让工作机制

应用国家实验室的研究来解决实际问题是衡量公共资助研究是否取得成功的关键标准之一。不管是公共资助还是私人资助，目的都是从实践的角度来增强政府和私营部门解决具体任务和支持技术经济活动的能力。当前，产业界与国家实验室的合作仍被认为是一个不容易被接受的事情。就合作费用来说，如果产业界想要使用实验室高昂的设备或与特定的专家合作来开展专利研究，国家实验室只能收取与此相关的研究、设备和管理费用，而不能因其综合基础设施和服务而收取额外的费用。另外，非专利研究是不能收取费用的，

如通常由大学开展的发表在期刊上的研究项目。国家实验室与外部进行合作通常需要通过一个择优评审过程，非专利研究的优先级要高于付费的专利研究。在国家实验室的资产公平地向所有人开放这一点上，当前国家实验室的运行机制较为有效，但尚缺乏一个有效的机制来激励实验室管理人使实验室资产效益最大化。

产业界与美国能源部国家实验室合作并不仅仅意味着在五六个产业协议框架内进行谈判就可以了。因为，多年来美国能源部在协议处理过程上增加了很多管理要求，基本所有的技术产业伙伴关系或技术转让协议都需要从能源部得到提前批准。例如，爱达荷国家实验室在技术转让方面制定了110项实验室和研究人员必须满足的要求[①]。此外，美国能源部驻地办公室也增加了一些对产业界的限制，导致国家实验室与产业界进行合作时，在4个协议内可采用17种不同的解释方式进行谈判（或者说是相当于存在68种协议）。这导致了在实验室研究、赔偿条款、责任、知识产权以及其他谈判领域内存在多种不同的形式和产业支付方式。为了解决这些问题，美国能源部推行了商业化技术协议（ACT）试点方案，为国家实验室制定了更加灵活的合作条款，大大缩短了谈判时间。最重要的是，它允许实验室承包商能够为其所承担的工作制定一些绩效标准，从而收取一定的费用。在ACT协议下，美国能源部的国家实验室获得了更多的研究经费，因为承包商可以为其承担的工作收取额外费用。本质上，它激励实验室与产业界进行互动，并提供了一个更简单的系统。然而，ACT协议，不像合作研究与开发协议[②]（CRADAs）和其他单位工作协议（WFOs），其仅限于不接受联邦资助的研究合作伙伴，即如果一家公司接受了联邦资助（如国防业务承包商、小企业创新研究项目承担者或美国国立卫生研究院资助的生物技术公司），它就不属于ACT协议的范畴。这限制了ACT协议的潜在影响，因为通常希望与实验室合作的技术公司往往也是在联邦资助研发体系内工作的公司。

有关利益冲突[③]的法律规定和实验室指标评价体系也阻碍了企业文化的发展。有效执行相关法律以确保国家实验室开展的公共研究无利益冲突这一点很重要，但对于法律过于保守的解释，很大程度上限制了研究人员和产业合作伙伴之间潜在的合作机会，阻止了研究人员在专业的领域里开展研究，在研究和实践之间制造了一个屏障。这个问题的产生部分是由于国家实验室的法律顾问对于利益冲突的相关法律有着不同的解释。例如，对于产业合作伙伴协议，不同国家实验室对于同样法律文本的理解不同，采取的策略也不同。《史蒂文森-魏德勒技术创新法案》明确鼓励国家实验室积极地解决利益冲突[④]。然而，许多限制性的条款只是停留在书面上，而不同国家实验室对执行条款的解释也不同。这使研究人员难以形成创新型的伙伴关系，并容易形成一种误解，认为这种伙伴关系在道德伦理上是有问题的。

---

① 数据来源于Harrer and Cejka，“Agreement execution process study：CRADAs and NF-WFO agreements and the speed of business”。

② 1986年美国国会通过《联邦技术转让法案》，允许国家实验室与大学和企业签订合作研究与开发协议（CRADAs），共同开展研究与开发合作。

③ 利益冲突的一个例子是，一个实验室研究员在开展实验室研究的同时拥有一家公司的股份，而这家公司从他或她所开展的研究中获利。

④ 数据来源：Stevenson-Wydler Technology Innovation Act of 1980，Public Law 96-480。

最后，国家实验室的管理者和研究人员并没有很强的动力去创造性地思考研究商业化。这与国家实验室的评估指标体系有一定关系，一是因为在衡量技术转让的评估程序中缺少良好的指标，技术转让活动一般以中间研究产出指标来衡量，如许可证数量、CRADA 项目等，而不是以任务成果来衡量，如研究目标、解决的问题或市场影响等；二是因为技术转让指标在实验室的评估程序中比例较小。以国防部为例，尽管国会要求国家实验室应促进技术转让和经济产出，但在每年的绩效评估与检测计划（PEMPs）报告中，美国国防部一直将技术转让置于一个相对低的优先级①。

四、国家实验室不能有效支持区域经济社会发展

美国的经济繁荣与其强大的创新能力密切相关。区域集群是国家创新和繁荣的重要源泉，城市和其周边的大都市区域通过集中的知识流、专业化的工人和密集的供应链来支撑创新，不断提高技术集群的适应性和专业化，从而提高整体生产水平②。美国国家实验室遍布全国，在促进区域经济，提高全国创新和竞争力等方面具有很大潜力。然而，当前国家实验室并没有把参与区域经济发展作为一个首要任务。当前的国家实验室的管理和政策因素明显显著阻碍了实验室更深入地投入到区域经济发展中。

（一）缺乏激励国家实验室参与区域经济社会发展的措施

美国国家实验室通常较少参与区域经济发展，当地企业也通常不会定期召开论坛或搭建固定网络，无法与所在区域的国家实验室进行互动。虽然大多数国家实验室参与过一些区域活动，但往往是临时的，并且实验室高级管理层参加的积极性并不高。

从某种程度上说，这个问题具有地域性的特点。由于大多数国家实验室的主要活动限定在所在地的较小范围内，具有创新活力的企业、大学和其他机构必须到国家实验室与其进行资源交流。大多数国家实验室由于其研究核武器的历史传统而位于大都市区域之外，基本上并没有直接位于美国 100 个大都市区域内，这在一定程度上加剧了现存的问题。在大学、创业孵化器、加速器、其他实验室以及大型企业的区域技术集群周围，如果没有对外办公室的存在，合作将往往局限在实验室邀请企业和大学工作人员进行技术展示的周末会议上。国家实验室如果与区域内的企业形成集群或与区域外的国家实验室建立长期合作伙伴关系，应该更实质地建立区域经济社会发展合作伙伴关系。

除区域位置问题外，国家实验室的评价指标体系也无法有效衡量一个实验室对区域经济社会发展的参与度。以美国能源部为例，国家实验室每年都根据绩效评估与检测计划（PEMPs）进行评估，这项评估包括从安全到领导管理等八大指标。PEMPs 的分数代表着

---

① For a list of all the Office of Science report cards, see Office of Science, "SC laboratory appraisal process: FY 2011 SC laboratory performance report cards", available at http://science.energy.gov/lpe/performance-appraisal-process/fy-2011/ (last accessed June 2013)。

② Scott Andes, Mark Muro and Matthew Stepp. Going Local: Connecting the national labs to their regions for innovation and growth , Brookings/ITIF/CCEI, Advanced Industries Series, 2014.9。

实验室管理的专业程度，正面的PEMP分数意味着实验室的承包商将从美国能源部全额获得其费用支付，并可被用来衡量是否与实验室进行续约。然而，这八个PEMPs指标中没有一个涉及区域经济社会发展。如果国家实验室的承包商没有因其区域影响力而得分，那么对于实验室来说就没有广泛参与区域发展的动力。美国能源部获得区域参与信息的办法是要求实验室提供一些基础的技术转让指标，而当前在PEMPs中没有这一部分。然而，许可协议和收益、用户协议以及专利等技术转让指标通常与有价值的区域参与并不相关，这些区域参与多是通过不正式的伙伴关系实现的。事实上，如果实验室管理层和区域领导层能够定期召开工作协调会议，将有效推动实验室参与区域经济社会发展，因为会议可以使国家实验室及时了解区域发展的技术需求并帮助区域内的机构了解所在区域实验室的研究计划。

最后，国家实验室体系的预算和会计年度限制制约了其参与区域研究合作。美国联邦资助机构和联邦基金一般对国家实验室的研究活动规定了严格的时间框架（通常是基于会计年度的经费周期），但是区域协作的机会往往取决于多重因素。如果不转移或重新利用已存在的资金，实验室往往错过区域研究伙伴关系。例如，如果位于美国戈尔登的科罗拉多矿业学院（CSM）接受了美国国家科学基金会（NSF）的资助，研究下一代太阳能光子转换，同时美国可再生能源实验室（NREL）在同样的研究领域也已经获得了从美国能源部的能源效率和可再生能源（EERE）办公室提供的资助，而美国可再生能源实验室目前并不能将其中一部分联邦经费重新定向划拨给矿业学院进行合作。结果是，这两个仅仅相隔5英里的世界级的研究机构被完全孤立，并地做着相似的研究。

（二）国会和联邦资助机构的微观管理限制了国家实验室的区域参与

美国国会和联邦资助机构对国家实验室过度的监督模式阻碍了其深入参与区域经济社会发展。以美国能源部为例，国会最初规定国家实验室采用政府所有和承包商经营（GOCO）的模式。但在现实中，设置在国家实验室内或附近的驻地办公室负责审批研究协议和合同，并审核其是否满足能源部的标准，实际上是在每个实验室设置了能源部的监督人员。严格的监督迫使实验室的管理者成为了规则遵守者，而不是对实验室的总体成果负责，结果是实验室的管理者没有了参与区域经济社会发展的主动权。

除了联邦资助机构的直接监督，联邦资助机构和国会对投资决策的管理使国家实验室管理者很难将研究成果应用于区域经济社会发展。以美国能源部为例，国会对国家实验室的研发经费保持高度监管，为主要国家实验室的项目和活动设置了51个拨款渠道、111个单独的基金或项目以及6个方案。其中这6个方案很大程度上是根据任务由能源部的部长助理和主管管理（如核能、化石能源、可再生能源），并没有反映出实验室参与区域经济社会发展的跨学科研究的现实要求。

由于这些限制，实验室管理者不能根据需求的变化来转移资源，因此在面对区域经济技术的投资环境变化时准备不足。例如，如果铝价上升，橡树岭国家实验室（ORNL）想与东田纳西州的汽车供应商合作来开发更便宜的复合材料作为替代品，橡树岭国家实验室可用的资金可能来自10个不同的技术基金，这些基金的使用都被限定在单个领域内，且资金预算项目被严格限制，这在很大程度上限制了国家实验室跨领域地支配研发预算以开展跨界合作。与之相似，不限于项目成本的管理费用的使用也受到非常严格的控制，国家实验室的管理者并没有任何机动的空间。美国国会和联邦资助机构的严格监管使实验室管理者基本上失去了运用资金探索区域创新的机会。

第三节　本章小结

美国国家实验室自成立以来，在不同历史时期面临着不同的争议和挑战。进入 21 世纪，创新的速度和广度不断增加，公共部门和私人部门越来越需要依靠彼此解决问题，共同制定解决方案。美国国家实验室面临着管理缺乏灵活性、与产业界缺乏联系和区域经济社会发展参与度不够等方面的挑战。克服这些挑战，美国国家实验室将为应对 21 世纪的复杂形势迈出重要一步，使其在满足国会严格监管的前提下，更好地参与开展跨领域合作，促进产业发展，参与区域经济社会发展。

美国国家实验室的争议和挑战为新时期我国建设国家实验室提供了一些启示。在 21 世纪竞争日益激烈、全球化和知识驱动型的经济环境下，我国在建设国家实验室的过程中，需要从整个技术开发生命周期和经费来源的角度做好国家实验室的定位，使其能够有效匹配当前我国面临的紧迫的科技挑战。在具体管理方面，一是应适当增加国家实验室的管理灵活性，使其少花钱多办事；二是应当处理好经费管理和自由调控的关系，以提高国家实验室应对挑战的能力，使其能够更好地阐明并实施战略计划和任务；三是应当给予国家实验室适当的政策操作灵活性，使其根据市场需求做出更快捷有效的决策，开展灵活高效的合作。国家实验室建设的最终目标应是使国家实验室通过更加合理地使用财政拨款来开展更多有影响力的研究，产生更大的经济影响，创造更多的就业机会。

参考文献

白春礼 . 2011. 人才与发展：国立科研机构比较研究 . 北京：科学出版社 .

白春礼 . 2013. 世界主要国立科研机构概况 . 北京：科学出版社 .

戴定，郭志锋 . 2014. 美国能源部公布 2014—2018 年战略计划 . 国外核新闻，(4)：1-2.

黄国杰，刘云 . 2007. 美国国防基础研究的政府资助与管理机制研究 . 国防技术基础，(8)：32-38.

李志明、孟聪 . 2015. 美国公务员薪酬制度综览，中国改革论坛，(4)：13-19.

林芬芬，曹凯 . 2015. 科研单位科研人员工资制度改革政策之国际经验，中国科技人才，(6)：12-17.

王静波 . 2014. 科学、规范、细致、严密——美国科研经费管理的“秘笈”，上海情报服务平台，(7)：12-16.

杨少飞，许为民 . 2005. 我国国家重点实验室与美国的国家实验室管理模式比较研究 . 自然辩证法研究，21 (5)：64-68.

张义芳 . 2007. 美国联邦实验室科研人员职位设置及对我国的启示 . 中国科技论坛，(12)：140-143.

赵俊杰 . 2013. 美国能源部国家实验室的管理机制 . 全球科技经济瞭望，(7)：32-36.

参考文献